小微水体富营养化演变机理与数值模拟

张 彦 窦 明 马晓宽 苗 壮 著

黄河水利出版社

·郑州·

内 容 提 要

本书针对小微水体富营养化的问题,从小微水体富营养化演变机理出发,在进行实验设计的基础上,开展了不同光盐条件下藻类生长室内实验研究,识别了小微水体环境的驱动因子,并对其进行了水体富营养化评价;基于 MIKE 21 和水体透明度构建了小微水体富营养化模型,并对其富营养化指标进行了模拟分析,计算了光盐条件对小微水体藻类生长的贡献率;在建立小微水体富营养化指标二维和三维 Copula 函数的联合分布模型的基础上,计算了水体富营养化联合风险概率。本书研究成果对小微水体富营养化演变机理研究具有一定的理论指导意义,并对开展小微水体富营养化问题综合整治提供借鉴。

本书可供环境科学、水文学及水资源、管理科学的科研人员和高校师生,以及从事水利工程、环境工程和市政工程的技术人员参考阅读。

图书在版编目(CIP)数据

小微水体富营养化演变机理与数值模拟 / 张彦等著.
郑州：黄河水利出版社,2024.9. -- ISBN 978-7-5509-
4008-6

Ⅰ.X522

中国国家版本馆 CIP 数据核字第 20242BX988 号

小微水体富营养化演变机理与数值模拟
张 彦 窦 明 马晓宽 苗 壮

审 稿 席红兵 13592608739

责任编辑	周 倩	责任校对	高军彦
封面设计	李思璇	责任监制	常红昕

出版发行 黄河水利出版社
　　　　　地址:河南省郑州市顺河路 49 号　　邮政编码:450003
　　　　　网址:www.yrcp.com　　E-mail:hhslcbs@ 126.com
　　　　　发行部电话:0371-66020550、66028024
承印单位 河南新华印刷集团有限公司
开　　本 787 mm×1 092 mm 1/16
印　　张 11.25
字　　数 267 千字
版次印次 2024 年 9 月第 1 版　　　　　2024 年 9 月第 1 次印刷

定　　价 78.00 元

前　言

近年来,随着全球城市化进程和经济社会的高速发展,在高强度人类活动的干扰下,国内外多个大型河流均发生了不同程度的水华现象,水体富营养化一直是我国乃至全球面临的最主要的水生态环境问题,而小微水体作为城市景观的重要组成部分,具有水域面积较小、存储水量不大、易污染和水体自净能力低等特点。在其建设及运营过程中,由于受到人类活动强烈干扰,工业废水、生活污水以及其他有害物质排放到小微水体中,使其水体发生恶化并出现富营养化的现象。因此,开展小微水体富营养化演变机理及数值模拟研究对其水生态环境保护极为重要。本书主要以郑州大学新校区眉湖为研究对象进行研究。

第 1 章为绪论,是对全书的铺垫。阐述了小微水体富营养化演变机理与数值模拟研究的背景与意义;从水体富营养化机理、水体富营养化评价、水体富营养化模型和水体富营养化风险评估等方面综述了国内外的研究进展。

第 2 章为小微水体富营养化演变机理。主要介绍了小微水体的概念及特征,小微水体富营养化的成因、危害及治理,以及小微水体富营化变化特征。

第 3 章为实验设计及过程。首先介绍了研究区域概况,其次从实验设计及采样点选择、室内实验情景设计、藻类培养与数据检测,以及藻类生长衰减率计算与分析等方面阐述了室内实验设计及过程;最后从现场实验方案设计、实验现场监测及取样过程、实验仪器及监测方法等方面阐述了现场监测实验设计及过程。

第 4 章开展了不同光盐条件下藻类生长室内实验研究。首先对实验第一、二组及第三组的室内预实验研究结果进行了分析,其次分析了室内正式实验的研究结果及不同光照条件下 Chl-a 的生长趋势和不同光照强度下藻蓝蛋白的变化趋势,最后分析了不同营养盐条件下藻类生长的趋势。

第 5 章是水体环境驱动因子识别及富营养化评价。首先从水质变化规律、底泥污染物变化特征和水质水动力影响因子相关性方面对水环境变化过程及相互作用进行了分析,其次识别了水环境驱动因子,最后对水体富营养化程度进行了评价。

第 6 章构建了基于 MIKE 21 的水体富营养化模型。首先结合水动力模块原理构建了基于 MIKE 21 的二维水动力学模型,其次构建了光盐驱动的富营养化模型,最后对不同情境下的水体富营养化进行了模拟。

第 7 章构建了基于水体透明度的水体富营养化模型。首先从简单的回归模型、单因子营养物质负荷模型、复杂的水动力-水质-生态模型和复杂的生态结构动力学模型阐述了水体富营养化模型建模机理,其次基于人工神经网络对藻类和 Chl-a 进行模拟分析,再次根据水体透明度影响因子及变化过程拟合分析构建了基于透明度的富营养化模型,最后在不同光盐条件下对藻类生长进行模拟分析。

第 8 章开展了光盐条件对水体藻类生长的贡献率研究。首先介绍了贡献率概念、室内实验贡献率计算方法及模型模拟实验贡献率计算方法,其次对室内实验的光盐贡献作用进行了定性分析,再次基于数学模型的光盐贡献作用进行了定量分析,最后对室内实验结果与模型模拟结果进行了对比分析。

第 9 章开展了基于 Copula 函数的水体富营养化联合风险概率研究。首先介绍了 Copula 函数基本原理,其次阐述了边缘分布的建立、Copula 函数联合分布的建立及 Copula 函数拟合检验和拟合优度评价方法等内容,最后通过建立水体富营养化指标二维和三维 Copula 函数的联合分布模型计算了水体富营养化联合风险概率。

第 10 章是对本书的主要结论进行总结,并提出研究展望。

本书共包括 10 章内容,各章主要按照小微水体富营养化演变机理与数值模拟研究由浅入深进行撰写。编写分工为:第 1 章由张彦、苗壮、郝松泽撰写,第 2 章由张彦、王飞宇、王国豪撰写,第 3 章由窦明、马晓宽、郑保强撰写,第 4 章由窦明、马晓宽、王飞宇、张照玺撰写,第 5 章由张彦、郑保强、米庆彬、梁志杰撰写,第 6 章由马晓宽、米庆彬、王飞宇、张照玺撰写,第 7 章由张彦、苗壮、郝松泽撰写,第 8 章由马晓宽、窦明、王偲、王国豪撰写,第 9 章由张彦、王偲、王飞宇、梁志杰撰写,第 10 章由张彦、王飞宇、苗壮撰写。全书由张彦、窦明统稿。

本书创新点主要为建立了透明度与影响因子间的多元回归模型,根据比尔定律建立水体透明度与光照强度衰减系数的定量关系,结合富营养化基本模型和水动力模型构建了基于水体透明度的富营养化模型;根据室内实验多情景设计下的藻类浓度变化情况和 DHI MIKE Zreo 计算机模型模拟下的多情景藻类生长模拟结果,量化出不同影响因子在藻类生长过程中的贡献率;建立了水体富营养化指标二维和三维 Copula 函数的联合分布模型,并对不同水体富营养化指标二维和三维组合方式计算了联合风险概率。

虽然本书已做了大量的研究工作,但今后还需要进一步深入研究。如室内实验环境下的温度处于不可控条件,加上天气变化对气温的影响及实验时间段的差异,导致各组实验进行过程中出现温度条件改变。在建立基于水体透明度的富营养化模型时,主要考虑的是水质和光照强度因素的影响作用,而没有考虑悬浮物和底泥对水质的影响作用,水体富营养化机理是一个复杂的过程,如果想要准确地描述水体富营养化的作用机理,则需要全面考虑各种影响因素。

本书的研究工作得到了以下项目的资助,特此感谢:河南省重大科技专项"南水北调中线工程水生态环境保护关键技术研究及示范"(221100320200);河南省自然科学基金项目"典型河流灌溉用水水质演变特征及预测技术研究"(212300410310);河南省科技攻关项目"基于多源数据融合的丹江口库区水华风险预警方法研究"（222102320211）；河南省高等学校重点科研项目计划"城市化对中原城市群水系连通格局影响研究"（21A570008）；中国农业科学院重大科技任务和基本科研业务费项目"粮水协同与节水增粮技术集成示范"（CAAS-ZDRW202418）；中央级公益性科研院所基本科研业务费专项"微塑料颗粒对土壤水盐运移影响机制研究"（IFI2023-16）。

　　在项目研究和本书编写过程中，有关单位和个人给予了支持和关心，特表示衷心的感谢！书中有部分内容参考了有关单位或个人的研究成果，均已在参考文献中列出，在此一并致谢。

　　由于作者时间及对该领域研究认识水平有限，书中可能存在一些不足与疏漏之处，敬请广大读者批评指正。

作者
2024 年 5 月

目　录

第 1 章 绪 论

1.1 研究背景与意义

1.1.1 研究背景

富营养化(eutrophication)是指生物生长所需的氮、磷等营养物质大量进入水体中,引起水生生物迅速生长繁殖,使水体溶解氧含量降低,导致水质严重恶化,以及水体中的生物大量死亡的一种现象(秦伯强 等,2013),即水体由生产力水平较低的贫营养状态逐步向生产力水平较高的富营养状态变化(吴锋 等,2012)。目前,随着人类活动影响的增加,水体富营养化的问题已经成为生态环境主要的研究内容,中华人民共和国生态环境部发布的《2022 中国生态环境状况公报》指出,在开展营养状态监测的 204 个重要湖泊(水库)中,贫营养状态湖泊(水库)占 9.8%,比 2021 年下降 0.7 个百分点;中营养状态湖泊(水库)占 60.3%,比 2021 年下降 1.9 个百分点;轻度富营养状态湖泊(水库)占 24.0%,比 2021 年上升 1.0 个百分点;中度富营养状态湖泊(水库)占 5.9%,比 2021 年上升 1.6 个百分点。

随着我国城市化建设的快速发展及人们生活水平的不断提高,为了改善城市中的生态环境,提高城市居民的生活品质,小型人工湖泊的建设也得到了快速发展。小型人工湖泊作为城市景观的重要组成部分,具有水域面积较小、存储水量不大、易污染、水体自净能力低等特点。然而,在小型人工湖泊建设及运营过程中,由于受到人类活动的强烈干扰,工业废水、生活污水及其他有害物质排放到小型人工湖泊中,使其水体发生恶化并出现富营养化的现象。刘圣尧等(2014)、许金花等(2007)、林文戈(2008)、Lee 等(2009)根据城市小型人工湖泊的特点,分析了影响小型人工湖泊水体富营养化的因素,并对富营养化进行了评价。自 20 世纪 60 年代末,国际上的一些学者对水体富营养化现象进行了相关的研究总结,在此期间,一些发达国家和地区的湖泊先后出现了水体富营养化的问题,如北美的五大湖区,日本濑户内海、琵琶湖和欧洲的莱茵河,而我国的湖泊基本上是从 80 年代才逐渐出现湖泊水体富营养化的现象,如太湖、巢湖、滇池、玄武湖等。通过总结归纳可以发现,造成湖泊水体富营养化的原因主要有:未经处理的生活污水的排入、工业废水的排入、农业中的农田排水、不合理的围湖造田,以及开山取石和破坏植被等。水体富营养化不仅能够降低水体的感官度,而且处于富营养化的水体会出现藻类过度繁殖,使饮用水产生霉味和臭味;同时向水体释放有毒物质,许多藻类能够分泌、释放有毒有害物质,不仅对水生生物等造成危害,严重破坏水生态系统,而且对人类健康产生影响;同时影响供水水质进而增加制水成本,当以富营养化的水体作为水源时,会给水质净化带来问题,以致出水水质较差。另外,水体富营养化易造成水华的发生,而水华产生的藻毒素类物质易使动物死亡,产生毒素的肉毒杆菌会导致一些鸟类的死亡等。因此,针对水体富营养化的防治主要体现在控制外源性氮、磷等营养物质的输入和减少内源性营养物质,对于控制外源性营养物质要做到在农业生产中合理灌溉、合理施肥及平衡施肥,在工业生产过程中杜绝有毒有害废水的排放,在生活中使用含磷较少的洗涤剂;在减少内源性营养物质方面主要采用物理、化学、生物的方法减轻水体富营养化的程度,进一步地改善水质状况。

在我国,水体富营养化的问题逐渐突出,已经严重影响了我国的经济发展及居民的饮用水安全问题,并引起了国家的高度重视。国家层面已将水环境的治理、水生态的保护作为生态环境保护的重要内容,并强调水环境治理手段与科技发展相结合的重要性。2019年9月18日,习近平总书记在河南郑州召开黄河流域生态保护和高质量发展座谈会,并发表了重要讲话。习近平总书记站在历史和全局的高度,从中华民族长远利益出发,谋划了黄河流域生态保护和高质量发展的全局性、根本性、战略性重大举措,发出了"让黄河成为造福人民的幸福河"的伟大号召,为新时代推进黄河流域保护和高质量发展掌舵领航。2024年,《中共中央办公厅 国务院办公厅关于加强生态环境分区管控的意见》指出,要以生态环境质量改善压力大、资源能源消耗强度高、污染物排放集中、生态破坏严重、环境风险高的区域为主体,把发展同保护矛盾突出的区域识别出来,确定生态环境重点管控单元;生态环境优先保护单元和生态环境重点管控单元以外的其他区域实施一般管控。在水环境治理方面,水体富营养化是水体治理的突出问题,水体富营养化必将导致水体中浮游藻的快速繁殖,引起水华暴发。水华现象是水体富营养化的主要特征之一,而蓝藻水华暴发更是全球性水质问题,太湖、巢湖、滇池是我国需要治理的大型湖泊重点对象。有些污染水体还会发生蓝绿藻水华相继暴发的现象,沿海鞭毛藻也是时常暴发,因此水环境的治理工作也根据不同方面相应开展。2015年2月,中央政治局常务委员会会议审议通过《水污染防治行动计划》(简称"水十条"),2015年4月2日成文,并于2015年4月16日发布。目标到2020年,阶段性改善全国水环境质量;到2030年,力争总体改善全国水环境质量;到21世纪中叶,使生态环境质量得到全面改善。根据2021年《中共中央国务院关于深入打好污染防治攻坚战的意见》,要加强太湖、巢湖、滇池等重要湖泊蓝藻水华防控,开展河湖水生植被恢复、氮磷通量监测等试点;到2025年,长江流域总体水质保持为优,干流水质稳定达到Ⅱ类,重要河湖生态用水得到有效保障,水生态质量明显提升;加强黄河中游水土流失治理,开展汾渭平原、河套灌区等农业面源污染治理;实施黄河三角洲湿地保护修复,强化黄河河口综合治理;加强沿黄河城镇污水处理设施及配套管网建设,开展黄河流域"清废行动",基本完成尾矿库污染治理;到2025年,黄河干流上中游(花园口以上)水质达到Ⅱ类,干流及主要支流生态流量得到有效保障。

综上所述,我国在治理水体富营养化方面仍然需要进一步的研究,特别是对于一些浅水湖泊和小型人工湖泊的水体富营养化机理等方面的研究。目前,由于城市的不断发展和人们追求"绿色"理念的提高,加快了城市中的植被和小型湖泊的建设,以及对自然小型湖泊的开发,但由于小型湖泊水源的单一性和较差的水体流动性及易污染性,往往造成大多数小型湖泊水体富营养化和水华暴发的现象,小型湖泊的水体治理也就自然而然地成为水体治理的重点关注对象,进而得以改善人们的生活环境。

1.1.2　研究意义

目前,我国水体富营养化的问题日益突出,亟须研究湖泊水体富营养化发生的原因和形成机理,虽然现在已有大量的研究工作,但还不能彻底解决水体富营养化现象的发生,特别是小型人工湖水体富营养化方面的研究相对较少,因此需要在已有湖泊水体富营养化研究的基础上对小型人工湖水体富营养化发生的原因和形成机理进行进一步的实验研究。本书在进行实验设计的基础上,开展了不同光盐条件下藻类生长室内实验研究,识别了小微水体环境的驱动因子并进行了其水体富营养化评价,基于 MIKE 21 和水体透明度构建了小微水体富营养化模型并对其富营养化指标进行了模拟分析,计算了光盐条件对小微水体藻类生长的贡献率,在建立小微水体富营养化指标二维和三维 Copula 函数的联合分布模型的基础上,计算了水体富营养化联合风险概率。研究成果不仅能为小型人工湖水体富营养化机理研究提供理论指导,还能为相关管理部门提前准备应对措施,开展水体富营养化问题综合整治提供借鉴。

1.2　国内外研究进展

1.2.1　水体富营养化机理研究进展

目前,湖泊、河流、水库等淡水水体均出现了较为严重的富营养化的情况,水质的恶化导致水体屡屡出现水体富营养化的现象,而藻类的暴发是出现水体富营养化现象最直接的体现。多数观点认为水体富营养化是由水体及外界环境的物理、化学和生物过程共同作用的结果(Smayda,2007;陈能汪 等,2010)。现有研究成果也充分说明,充足的营养盐是水体富营养化发生的必要条件,如氮是藻类细胞的组成物质,磷则直接参加藻类光合作用、能量转化等过程,如 Jørgensen 等(1994)研究指出,藻类的生长是水体富营养化的关键过程,研究氮、磷负荷与藻类生产力的相互作用和关系以揭示湖泊水体富营养化的形成机理;Ryther 等(1971)在开展无机氮、磷的分布和生物测定实验后发现,沿海海水中磷酸盐含量较高且从有机物中分解出磷酸盐的速度快于氨氮,在运用去除磷的洗涤剂分析缓解水体藻类生长的效果并不明显,而使用含氮的化合物可使得水体中富营养化情况进一步恶化;Wolfgang(1971)研究水体中存在的活性磷酸酶等对有机磷化合物催化水解作用,发现湖水中磷酸酶活性与水体环境变化之间的联系,得出磷酸盐浓度对水体中蓝藻生长具有催化作用;Schindler(1977)研究发现,水体中氮磷比会影响藻类的结构组成;Yoshimasa 等(2010)研究托内河水向特加努玛湖输水后引起水体中主导性藻类变化情况,探讨湖水中磷酸盐浓度在稀释降低后对藻类生长的主导性影响;Oliver 等(2014)在克拉马斯河流域研究发现,水体中氮受到藻类大量繁殖和生物地球环境(如低氧、高 pH 值和温度)的强烈影响,而磷更倾向于受季节性水文过程变化的影响。

近年来,水温和光照条件对藻类生长的影响研究也引起一些学者关注(Jonasz and Prandke,1986;Gaiser et al.,2009)。Takahashi 等(1981)研究发现,藻类比增长速率在弱光时随光照强度增加而增大,但当光照强度超过一定范围时又会阻碍藻类的生长;

Christian 等(1998)研究表明,水体浊度改变引起的水下光照强度分布的变化会对蓝藻的垂直运动和聚集有影响;Rietzler 等(2018)调查研究巴西热带水库中富营养化的污染物情况,发现可以通过减少氨、有机化合物来减弱富营养化对水生生物造成的威胁;Stutter 等(2018)以化学计量平衡氮、磷营养盐作为入手点,发现通过加强营养盐源头控制,可以缓解水体富营养化、改善水质和水生生态系统健康情况;水体中叶绿素 a(Chl-a)是表征藻类含量的一个重要指标,Rankinen 等(2019)为改善芬兰的河流和沿海水域的生态环境,将水文模型与经验模型相结合,研究了叶绿素 a 浓度作为农业小河流富营养化指标的作用,表明叶绿素 a 浓度与总磷、总磷浓度及水温之间的正协同关系;除了以上直接因素的影响,气候变化也影响着水体中藻类的生长,如 Mark 等(2015)针对气候变化对海洋生态系统中浮游藻类的影响作用,论述了气候变化在赤潮分布、暴发或特征变化中的重要性。碳物质含量与藻类生长之间也存在一定的关系,如 Willy(1967)在研究中发现,微生物在同化作用下产生的碳物质是促进藻类生长的一项重要因素。另外,水华暴发还受到流量、流速、风速、水体垂向稳定度等水动力学条件的间接影响(Tamiji et al., 2002;Braselton and Braselton, 2004;Hudnell et al., 2010)。Reynolds(1971)通过野外观测发现,风浪引起的湖泊底部沉积物再悬浮现象成为水华暴发的有利条件;Robert(2003)在对西非的塞林盖(Sélingué)水库研究后发现,风浪、水位、透明度和水温等水文气象因子对水库藻类生物量和富营养化状态有很大影响。

据报道,在我国太湖、巢湖、滇池等大型湖泊和长江流域等流速较为缓慢的水体中更易发生水体富营养化的现象。因此,国内对河流、湖泊、水库等水体富营养化及环境变化对藻类生长的影响也开展了大量的研究工作,如王丽等(1998)、沈东升(2001)、刘玉生等(1995)通过室内静态的藻类增长实验,分析了温度和光照强度等因子对藻类生长和繁殖的影响作用;姚绪姣等(2012)结合野外监测探讨了香溪河库湾冬季甲藻水华的生消机理;黄钰铃等(2013)以 pH、水温、光照强度和时间等为初始条件,还原了微囊藻水华的生消过程;杨正健等(2017)针对三峡水库支流库湾水体水华生消机理及影响进行研究,得出藻类水华暴发的诱因为蓄水产生的分层异重流;黄爱平(2018)围绕鄱阳湖水文水动力与富营养化响应机理,探讨鄱阳湖水文水动力特征与响应机理、鄱阳湖水质过程及低枯水位调控情景下的富营养化演变规律。一些学者分析了水华暴发与水体中营养物质的关系,杨贵山等(2003)根据太湖湖心区 1987—2000 年的 TN、TP 浓度变化过程和太湖水华暴发的时间,分析了蓝藻水华暴发与 TN、TP 浓度峰值出现时间的关系;许海等(2011)通过培养实验研究了不同磷水平下氮磷比对藻类生长速率的影响,并在太湖蓝藻暴发期间监测了水体中叶绿素 a 浓度与营养盐(N、P)结构的变化,同时探讨了氮磷比对蓝藻优势形成的影响;盛虎等(2012)通过对滇池外海叶绿素 a 浓度的时空分异性分析,探讨了滇池外海晖湾中测点叶绿素 a、TN、TP 与蓝藻暴发的关系;孔范龙等(2016)研究得出氮磷比及其绝对浓度的共同作用影响着浮游植物的生长,且在不同的水文、气候、人类活动强度下,水体富营养化主要营养盐限制因子存在差异;李亚永(2017)对北京密云水库水体水质指标进行监测,得出氮、磷营养盐浓度在阈值范围内对藻类生长促进作用明显,超出阈值范围后促进作用则会减缓;刘正文等(2020)研究在光照优势下,当浅水湖外源营养盐负荷增加,浮游藻类代替底栖藻类成为优势初级生产者;丰玥(2022)以天津独流减河流域为研究对象,分析流域沉积物中细菌群落多样性指数和细菌功能代谢丰度,得出其与沉积物中氮、磷形态具有相似的变化趋势,表明河流上覆水体富营养化的主要成因可能在于细菌介导下沉积物氮、磷元素的释放量。

同时,一些学者通过研究识别出了影响水华暴发的水文与水环境因子,如赵孟绪等(2005)研究结果表明,在具备充分营养盐与适合水温条件下,水体的稳定性是控制蓝藻水华发生时间的主要影响因子;王海云等(2007)研究发现在水华发生时,pH 变化与藻类数量存在着密切的关系;吕晋等(2008)研究结果表明,影响城市浅水小型湖泊蓝藻生长的影响因子主要有水温、水深、pH、浮游动物生物量;张艳会等(2011)得到影响太湖水华发生的因子有 Chl-a、TN、TP、COD、温度和风速;吴凯(2011)研究了温度、pH、特征污染物对水华暴发的影响作用;潘晓洁等(2015)研究结果表明,氮磷比和流速是三峡水库小江回水区水华发生的主要环境因素;汤显强(2020)根据长江流域水质状况、营养物质含量、水文泥沙过程、富营养化评价指数等数据和历史文献资料,分析了长江流域水体富营养化现状及演化趋势;胡晓燕等(2022)以太湖作为研究对象,基于历史环太湖入湖河流和湖体氮、磷、Chl-a 和水量等监测数据,分析得出入湖水体中氮、磷营养盐含量与太湖水体富营养化之间存在正相关性。然而另外一些研究成果表明,气象因素与水华暴发有着密切的联系,如光照强度、风速和温度等。如汤宏波等(2007)研究结果表明,水华形成的刺激因素之一是适合的光照强度,并且风在一定程度上也加重了水华的严重程度;王成林等(2010)通过长时间的观测研究,了解到当气温、风速、降水变化较大时,在一定的时间上有利于蓝藻的生长和水华的形成;谢国清等(2010)通过研究滇池蓝藻水华在可见光、红外谱段的光谱特征,得到日照和风速是影响滇池蓝藻暴发的关键因子。水华的暴发同时受到底泥扰动、沉积物、悬浮物等影响因子的影响,王小冬等(2011)通过室内模拟实验研究了太湖底泥悬浮物的扰动对水体氮、磷营养盐和蓝藻水华的影响作用;张艳晴等(2014)研究结果表明,光照强度较小时,不利于太湖水华微囊藻群体大小的增长,但变化的光照强度和光照强度较大时,有利于水华微囊藻群体的增长。

1.2.2 水体富营养化评价研究进展

水体富营养化评价是对水体富营养化程度的直接表达,在研究河流湖泊等水体富营养化过程中,根据不同的富营养化评价方法,构建富营养化评价体系、划分富营养化等级标准,结合水体指标情况,以此来满足对水体富营养化程度的判断,如 1937 年日本学者吉村提出的特征法,奠定了目前世界各国广泛使用的富营养化评价方法的基础;1968 年沃伦伟德等提出了参数法;1977 年卡森等提出了营养状态指数法(Delarosa et al.,1993;陈为国 等,2000)。水体富营养化评价法涉及水质评价、植物评价、浮游植物评价、营养状态指数、富营养化指标等方面。根据观测指标、分析因素或采取的技术手段,已有多种水体富营养化评价法被开发使用,常见的有营养状态指数法、卡尔森营养状态指数(TSI)、修正的营养状态指数法、营养度指数法以及综合营养状态指数法,其中综合营养状态指数法应用最为广泛。

改革开放后,我国进入高速发展阶段,国内经济社会发展的同时对环境造成了一定程度的影响,其中就包括水环境污染、水质恶化、水体富营养化等。为此,国内学者针对水环境变化情况开展了一系列研究,水体富营养化评价是其中重要的一部分内容。其中,许多学者采用综合营养状态指数法对水体富营养程度进行评价,赵梦等(2020)为研究百花湖治理措施,利用综合营养状态指数法对百花湖水体富营养化进行综合评价;刘光正等(2023)应用综合营养状态指数法对济南大明湖水质进行富营养化评价,分析丰、枯水期大明湖富营养状态;崔苗等(2023)基于综合营养状态指数对汾河景区湿地水体营养化情况开展研究,为汾河景区水生态环境保护提出对策;何利聪等(2024)运用主成分分析法研究淮河中游不同河段环境影响因子与叶绿素 a 的相关性,并采用综合营养状态指数法评价了淮河中游水体营养状态;张昊等(2023)采用综合营养状态指数法探究了内蒙古查干淖尔湖东湖水体富营养化特征及影响因素;伍名群等(2024)选取贵州省黔东南州 18 个城市湖库型饮用水水源为研究对象,采用综合营养状态指数法对水体进行富营养化程度评价,得出水源营养盐限制因子主要为磷限制状态。

为了满足水体水质状况研究和水体富营养化评价的全面性,一些学者将其他方法与综合营养状态指数法相结合开展水体富营养状态评价,如鲍广强等(2018)探究黑河流域富营养状态,为黑河流域水体污染防治提供支撑,基于综合营养状态指数和 BP 神经网络对黑河水体营养状态进行评价;温春云等(2020)通过单因子指数法和综合营养状态指数法对鄱阳湖水质进行综合评价,以掌握鄱阳湖水生态环境变化情况;彭园睿等(2020)选用环境质量综合指数的混合加权模式法进行水体富营养化评价,分析大理洱海景观分区水体富营养化程度及其原因;万育生等(2020)采用相关加权综合营养状态指数法逐月评价丹江口水库水体营养状态,以此提出富营养化防治对策与建议;孙旭杨等(2021)采用灰色关联法、水质生物学、藻类生物学法和综合营养状态指数法等对宁夏太阳山湿地湖泊水质和富营养化状态进行评价;欧阳虹等(2021)选取叶绿素 a、总氮、总磷、高锰酸钾指数和透明度,应用生物多样性指数法、综合营养状态指数法和灰色关联法对清水河流域富营养化状态进行评价;吴怡等(2024)为研究鄱阳湖水体营养状态和驱动特征,采用综合加权的营养状态指数法对水体营养状态进行评价;蒋红斌等(2023)通过 Spearman 秩相关系数法和综合营养状态指数法分别分析水体水质变化趋势和水体富营养状态,探讨鄱江水华现象并为其防治提供理论支撑。

除常用较多的综合营养状态指数法外,还有一些学者根据研究区域水体状态特点,采用其他的方法评价水体富营养化程度。如周小平等(2016)采用灰色聚类分析方法,选取总氮、总磷及其他水质指标作为聚类指标,来评价可鲁克湖水质营养状态;王志强等(2017)结合可拓综合评价法、浮游生物调查与室内测定法,构建组合可拓综合分析法,通过浮游生物指标评价水体富营养状态;王国重等(2020)采用基于信息熵的密切值法和线性插值法对其 2009—2015 年的宿鸭湖水库营养状况进行评估对比,以选出更符合实际的评价方法;宋景辉(2020)采用 GA-BP 神经网络法、模糊综合评价法及营养盐综合指数法对九里湖富营养状态进行综合评价及研究;谭路等(2021)通过三峡水库干流和香溪河库湾在蓄水前后 10 年以来的营养水平数据,采用 Carlson 营养状态指数及差值二维坐标评价方法,评价其水体营养状态及其限制因素;孙钦帮等(2021)采用富营养化指数法(EI)和潜在性富营养化评价法,分别评价研究辽东湾海域的富营养化状态水平;张怡等(2022)根据 BP 神经网络模型的特点,以红旗泡水库为研究对象开展水体富营养评价研究;李建忠等(2023)以叶绿素 a 作为评价因子,通过构建富营养状态遥感模型,评价赣南稀土矿区河流水体富营养状态;樊艳翔等(2023)使用博弈论组合赋权法与 VIKOR 模型综合评估了其水体富营养化状况,并探讨了不同程度富营养化的治理措施与原则;孙咏曦等(2023)对各种营养化评价方法进行分析对比,结合综合营养指数法、BP 神经网络与所建立的卷积-富营养化模型评价分析洪湖水体的富营养化程度;龙苒等(2023)根据"压力-状态-响应"(PSR)模型对珠江口海域进行富营养化状况评价,通过主成分分析以及相关性分析来说明各环境因子对珠江口富营养化的影响;王哲等(2023)利用高分辨率 Sentinel-2A 卫星影像,结合同期的地面实测数据,构建了富营养化评价模型,模拟黄河流域陆浑水库水质参数和富营养化空间分布,并做出富营养状态评价。

1.2.3 水体富营养化模型研究进展

富营养化模型是研究藻类数量变化规律和预测水华暴发的重要手段。在 20 世纪 60 年代,许多国家和国际组织就已经开展了相关研究工作,此后富营养化模型得到了迅速发展,主要经历了从单层、单成分、零维的简单模型到多层、多成分、三维的复杂模型的发展历程,并逐渐应用在河湖污染控制和生态修复治理等方面。依据富营养化模型构建思路的差异,可大致将其分为简单的回归模型、简单营养盐平衡模型、复杂水动力-水质-生态模型、复杂生态结构动力学模型(卢小燕 等,2003)。简单的回归模型是以大量水质和生态监测数据为基础,并采用统计分析的方法建立能描述叶绿素 a 与相关影响因子间的定量关系(Vollenweider,1975;Canale et al.,1996;Kauppila et al.,2002)。这类模型的特点是简单易用、定量直观,但需要大量数据来支持,并且计算结果的精度难以保证,通常只在数据不太理想或者建立复杂模型前用作初步的估算。第一个简单营养盐平衡模型是加拿大学者 Vollenweider(1968)提出的总磷平衡模型,其后一些学者在此基础上提出了改进的营养盐平衡模型(Lorenzen et al.,1976;Imboden et al.,1978)。营养盐平衡模型在其发展过程中也保留了自身特点,如建立了水体和底泥间的磷交换关系、采用米氏动力学来描述营养盐与藻类生长关系等。但由于此类模型的计算时间尺度较长,较少考虑短期的水动力、水质要素变化,因此只能对富营养化过程进行粗略模拟。自 20 世纪 70 年代中期以来,一批建立在复杂水动力-水质-生态作用机理上的富营养化模型被研制出来(Cerco and Cole,1993;Alvarez-Vázquez et al.,2010)。Nyholm(1978)在对藻类生长、水体透明度的变化和营养物循环等过程进行描述的基础上,建立了适用于浅水湖泊的 Lavsoe 生态模型;Virtanen 等(1986)建立了能模拟三维水质转化过程的 3DWFGAS 模型,用来模拟包含浮游植物在内的 30 多个水质和水生生物变量。

进入 20 世纪 80 年代,我国在水动力-水质-生态模型的研究方面也得到了快速发展,尤其是在一些富营养化比较严重的大型湖泊,如巢湖(屠清英 等,1990;Xu et al.,1999)、滇池(刘玉生 等,1991;杨具瑞和方铎,2004)、太湖(Pang and Pu,1995;Hu et al.,1998;朱永春和蔡启铭,1998)等。但由于这些湖泊存在着复杂的水动力过程及营养盐转化关系,且受人类活动胁迫作用较为强烈,因此需考虑的因素众多、模型研发难度大。至 20 世纪 80 年代后期,一些学者开始了生态结构动力学模型研发(Skogen et al.,2014),此类模型考虑了生态系统的可塑性和变化性特点,采用连续变化的参数来反映生物成分对外界环境变化的适应能力,其中以丹麦 Sobygaard 湖模型为代表性模型(Jφrgensen,1994)。此外,一批水质或生态模型已经开发成为大型商用软件,如 WASP 系列、MIKE 系列、CE-QUAL、EFDC、EUTROMOD 和 PHOSMOP 系列模型等,但这些模型多数结构比较固定,对数据需求量大、参数过多且率定困难,在一定程度上限制了其推广应用。

近年来,国内在富营养化模型研究与应用方面比较有代表性的研究有:夏军等(2001)和窦明等(2002)最早开展了针对河流水华的研究工作,在 20 世纪 90 年代,运用 WASP 模型模拟了汉江中下游硅藻水华暴发的过程;李一平等(2004)在耦合三维风生湖流模型和二维水质模型的基础上,模拟了太湖中藻类生长和消亡情况,并分析了其随风生湖流迁移的变化规律;吴挺峰等(2009)将 SWAT 模型与垂向二维富营养化模型集成,构建了适用于狭长河流型水库的流域富营养化模型,并模拟分析了富春江水库蓝藻水华暴发的过程;韦海英等(2007)基于最大流原理,利用自组织特征映射神经网络,提出了一个新颖的湖泊富营养化模型;王海波等(2010)基于对流-扩散方程建立了生态动力学模型,并模拟了南四湖浮游植物与营养盐变化过程;向先全等(2011)将遗传算法(GA)与支持向量机(SVM)相结合,并以渤海湾叶绿素 a 的浓度为输出,构建了基于 GA-SVM 的水体富营养化模型;刘晓臣等(2013)基于 DELFT3D 软件建立了湖泊三维水动力-水质-生态耦合模型,对兴凯湖藻类生长进行了模拟分析;武春芳等(2014)通过长期观测,基于水动力模型和水质模型,结合湖泊富营养化演变过程建立了迎泽湖水体富营养化的耦合模型;唐天均等(2014)基于 EFDC 模型,建立了深圳水库三维水动力和富营养化定量模型;梁俐等(2014)利用立面二维水动力学和水质模型(CE-QUAL-W2),预测了 2020 年金沙江乌东德水库蓄水后龙川江支库的富营养化情况;潘洋洋(2017)以武汉东湖为研究对象,运用 SVM 模型反演叶绿素 a 浓度分布情况,以分析湖中叶绿素 a 时空变化规律;高峰(2017)通过建立非结构网格下伍姓湖二维潜水水动力模型和粒子群算法优化 BP 神经网络模型,对伍姓湖水华发生风险进行研究;邢贞相等(2018)利用 EFDC 模型建立三维水动力和水质模型模拟五大连池水质富营养化状况,利用层次分析法计算水环境指标影响权重对五大连池进行风险评价;王梦竹(2019)结合贝叶斯分层模型,构建水质模型,探索太湖浮游植物增长率和氮、磷与底泥交换速率;胡思骏等(2020)利用水生态系统模型 AQUATOX 模拟预测浅水景观水体水环境状态,并结合 SWMM 模型模拟低影响开发措施对入湖雨水污染负荷的削减作用;李子晨(2021)构建适用于云南星云湖的系统动力学模型,以此分析星云湖富营养化的主要驱动因素及贡献;豆荆辉等(2021)根据非参数模型在富营养化研究中的应用情况,划分了不同模型的适用范围和应用效果;潘婷等(2022)探讨常用的富营养化模型的适用性和存在的局限性,并分析此类营养化模型当前存在的问题和未来发展方向;胡晓燕(2022)运用经验水质模型——湖盆模型(BATHTUB)开展太湖水体富营养化模拟研究,以此计算太湖不同分区下的内源负荷量;赵宇等(2024)基于 HAMSOM 海洋生态模型构建了渤海三维水动力/生物地球化学耦合模型,计算了渤海营养状态变化情况。总体来看,国内研究多是针对湖泊或水库,且以借鉴和引用国外模型为主。

1.2.4 水体富营养化风险评估研究进展

水体富营养化风险分析主要是在对水体富营养化评价的基础上,建立相应的水体富营养化模型,根据模型模拟结果对湖泊可能发生的富营养化风险概率进行分析,故而可以为湖泊水体水质管理及富营养化防治方面提供一定的依据。通常在对湖泊水体富营养化风险分析过程中,主要方法有基于营养盐阈值的风险评价法、贝叶斯网络模型风险分析法,以及基于 Copula 函数与经验频率曲线的风险分析法。

为了确定水体富营养化氮、磷的阈值标准及对水体富营养化风险评价,国内外学者做了大量的科学研究工作(Fu,2005;Wallin et al.,2003;Dodds et al.,2006),如王霞等(2006)研究识别了松花湖水体富营养化的主要限制因子,并定量分析了富营养化影响因子的阈值和富营养化发生的概率;杨龙等(2010)通过识别富营养化的主要限制因子,结合数学方法分析了水体富营养化发生的阈值大小,并建立了基于阈值的水体富营养化风险评价方法;朱思睿(2015)在建立基于阈值识别的富营养化风险评价方法体系的基础上,对杭嘉湖地区的河流富营养化水平以及氮、磷的阈值进行了核算。对于贝叶斯网络模型风险分析在水体富营养化方面的应用,Borsuk 等(2004)通过利用可融合多样性能力的贝叶斯网络模型,将北卡诺伊斯河口的富营养化所涉及的不同过程以模型形式综合,评估了在不同营养状态控制的策略下,决策者可能取得的效果;Pei 等(2003)建立了一个基于杭州西湖的富营养化生态模型(EEM),用来决定水体富营养化的管理决策;洪岚(2006)为更科学合理地对西湖水体富营养化进行管理和决策,构建了贝叶斯全局模型和多层模型,并对西湖水体富营养化进行了风险评价;范敏等(2010)通过解释与分析水体中各种影响因素间的相关性,提出了基于概率关系模型(PRM)的水体富营养化风险分析建模方法,并进一步分析了历史数据,发现了水体富营养化的潜在风险;卢文喜等(2011)为解决水资源管理中多目标决策不确定性的问题,利用贝叶斯网络构建了对 6 个水环境变量的不确定性关系,并且运用实例直观地表述了系统中变量的不确定性关系。

此外,如专家意见法、EFDC 模型、综合卫星观测法、Copula 函数法及其他方法等都有被应用到水体富营养化风险评价方面,如王起峰等(2010)选取了太湖浮游动物和植物的生物量及 Chl-a 作为浮游生物数量的 3 个指标,通过绘制经验频率曲线,并结合 Copula 函数将其进行有效的连接,对不同分区太湖的水体富营养化进行了风险评估;陈晶等(2011)建立了基于 Copula 函数的水体富营养化评价模型,并得到各评价样本的综合评价指标值,以及各评价类别对应的综合评价标准;邹斌春(2015)通过灰色动态(GM)系统预测模型和 BP 神经网络模型对仙女湖主要水质指标进行了预测,并对仙女湖水华暴发的风险进行了评估;刘成(2016)采用综合评价指数法对丹江口水库各库湾水质进行富营养化风险评估,分析对象为各库湾汇水区径流中的 TN、TP 浓度;武晓等(2016,2017)采用统计学分析方法识别富营养化产生的限制因子,采用概率分布曲线法对 15 座水库进行富营养化风险评估,在针对桓仁水库富营养程度评价上,通过 Kolmogorov-Smirnov 检验证明桓仁水库各点位综合营养状态指数符合正态分布的前提下利用累积概率密度模型对富营养化风险进行预测;张紫霞等(2020)以滇东南典型岩溶流域普者黑为研究区,通过对流域内各类水体进行水质监测,利用对数型幂函数普适指数对水体富营养化风险进行了评价;

郑震(2020)基于 BP 神经网络建立预测藻类浓度的水体富营养化模型,结合普适似然不确定性估计方法(GLUE 方法)对水体富营养化模型的相关水质参数进行不确定性分析,分析各参数对水体富营养化程度的影响,并以各参数 90% 置信区间作为风险范围;王兴菊等(2022)利用可变模糊集理论构建一种湖库型水源地水华风险可变模糊评价模型对乔店水库水华风险进行评价;殷雪妍等(2022)筛选 9 项指标,运用层次分析法和模糊综合评价法,构建水生态风险评价模型,对不同时期洞庭湖水生态风险状况进行分级评价。

1.3　研究思路

本书针对小微水体富营养化问题,在阐述小微水体富营养化演变机理的基础上,设计了本书研究的实验过程,并开展了不同光盐条件下藻类生长室内实验研究;识别了小微水体环境驱动因子,并进行了富营养化评价;基于 MIKE 21 构建了二维水动力学模型和光盐驱动的富营养化模型,并对不同情境下的水体富营养化进行了模拟;根据水体透明度影响因子及变化过程拟合构建了基于透明度的富营养化模型,并对不同光盐条件下藻类生长进行了模拟,进而开展了光盐条件对水体藻类生长的贡献率研究;最后通过建立水体富营养化指标二维和三维 Copula 函数的联合分布模型计算了水体富营养化联合风险概率。全书共分 10 章,其中第 1 章和第 10 章可看作是全书的铺垫和总结。本书技术路线如图 1-1 所示。

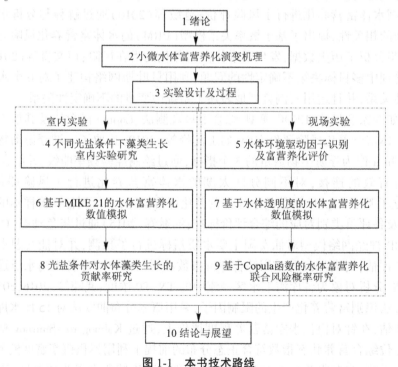

图 1-1　本书技术路线

第 2 章　小微水体富营养化演变机理

2.1　小微水体的概念及特征

2.1.1　小微水体的概念

　　小微水体是指有汇水、输水、排水、蓄水功能,有一定水面面积,有持续存在状态的小塘、小沟、小渠、小溪等水体,主要包括塘堰、山塘、小沟、边沟、小渠、小水库、小湖泊等。小微水体按地域分为城市小微水体和农村小微水体,其中城市指城市建成区(含县城城区,不包括乡镇镇区),小微水体可根据实际情况及管理需求,将不同类型的水体纳入小微水体管理范围。

　　为便于小微水体分片、分类整治与管护,根据小微水体特征及地域分布,将其分为以下七类:城市港渠类、城市湖塘类、自然河溪类、农村沟渠类、农村塘堰类、小型湖库类及其他特殊类,其中城市港渠类是指城市具有排水、连通、景观功能的港渠等,城市湖塘类是指城市景观湖(池)、生态塘等,自然河溪类是指山区或丘陵岗地自然形成的河、溪、沟等,农村沟渠类是指经过人工改造的具有灌溉、排水功能的沟渠等,农村塘堰类是指农村门口塘、山塘、堰塘、鱼塘等,小型湖库类是指未纳入河湖长制管理的小型湖库,其他特殊类是指难以归类的其他特殊水体。

　　我国现有面积大于 1 000 m^2 的所有水体,包括池塘、湖泊和水库,数量达 517.8 万个,水体面积 17.93 万 km^2,约占全国陆地面积的 1.87%,水体总的岸线长度 215.74 万km。小型水体数量占所有水体总量的 98.65%,达 510.8 万个。小型水体数量占据了多数,但仅占水体面积的 17.85%。虽然小型水体个体面积小,但是其岸线长度达到164.83 万 km,占所有水体岸线长度的 76.4%。中国所有水体分级中,0.001～0.01 km^{2}的水体数量最多达 435 万个,这类水体总岸线长度约占全国内陆水体的岸线长度的50%(吕明权 等,2022)。

2.1.2　小微水体的特殊性

　　广泛分布的小微水体明显改变了区域的水文过程,随着极端降雨事件的增加,洪涝灾害频发,池塘在削减下游洪水方面发挥着重要作用。然而,小微水体多为静止或流动性差的封闭缓流水体,其水域面积小,与人居环境联系紧密,水体自净能力差,极易发生富营养化及藻华,严重影响水体生态和周围环境(于丹 等,2017)。小微水体作为生态环境的重要组成部分,随着工农业的发展及城市化进程加快,大量的氮、磷及有机污染物排入小微水体,而小微水体自身水动力不足且缺乏供水水源,污染物的输入进一步加剧了小微水体的水质恶化,造成水体恶臭、水体中的动植物死亡,威胁水生态安全,进而危害人类的健康。小微水体的富营养化及其黑臭现象成为亟须解决的环境问题之一,特别是城市小微水体,作为与居民关系密切的水体,却因为污染让人避而远之,与提升人居环境的初衷背道而驰(文远颖,2023)。

2.2 小微水体富营养化的成因、危害及治理

2.2.1 小微水体富营养化的成因

(1)外源有机物和氨氮消耗水中氧气。

小微水体一旦超量受纳外源性有机物及一些动植物的腐殖质,如居民生活污水、畜禽粪便、农产品加工污染物等,水中的溶解氧就会被快速消耗。当溶解氧下降到一个过低水平时,大量有机物在厌氧菌的作用下进一步分解,产生硫化氢、胺、氨,以及其他带异味、易挥发的小分子化合物,从而散发出臭味。同时,厌氧条件下,沉积物中产生的甲烷、氮气、硫化氢等难溶于水的气体,在上升过程中挟带污泥进入水体,使水体发黑(周静远,2020)。

(2)内源底泥中释放污染。

当小微水体被污染后,部分污染物日积月累,通过沉降作用或随颗粒物吸附作用进入水体底泥中。在酸性、还原条件下,污染物和氨氮从底泥中释放,厌氧发酵产生的甲烷及氮气导致底泥上浮也是水体变黑发臭的重要原因之一。在一些污染水体中,底泥中污染物的释放量与外源污染的总量相当。此外,河道中有大量营养物质,导致河道中藻类过量繁殖。这些藻类在生长初期给水体补充氧气,在死亡后分解矿化形成耗氧有机物和氨氮,造成季节性水体黑臭现象,并产生极其强烈的腥臭味道(周静远,2020)。

(3)不流动和水温升高的影响。

丧失生态功能的小微水体,往往流动性降低或完全消失,直接导致水体复氧能力衰退,局部水域或水层亏氧问题严重,形成适宜蓝绿藻快速繁殖的水动力条件,增加水华暴发风险,引发水体水质恶化。此外,水温的升高将加快水体中的微生物和藻类残体分解为有机物及氨氮的速度,加速溶解氧消耗,加剧水体黑臭(周静远,2020)。

2.2.2 小微水体富营养化的危害

小微水体富营养化使水体中的藻类和一些浮游生物大量繁殖,从而降低了水体的透明度,阳光难以穿透水层,使水体中的沉水植物无法进行光合作用释放氧气,导致水体中溶解氧含量严重不足,造成了一些水生植物和水生动物主要是鱼和虾的大量死亡。小微水体富营养化会导致水质恶化,散发恶臭气体,这给生活在小微水体周围的居民带来了严重的困扰。有些小微水体会慢慢地变成沼泽,最后会演变成陆地,丧失了景观水体的观赏价值,也严重影响了水体的生态环境。另外,藻类的疯狂生长会给水生生物和人们的健康造成严重的威胁,这是由于有些藻类会分泌大量的有害毒素,并且在缺氧条件下水体中的反硝化细菌会将 NO_3^- 还原成 NO_2^-,NO_2^- 对人体具有致癌性。不仅如此,水体的富营养化使湖底沉积了许多污泥,导致湖底升高,从而减小了蓄水能力。一旦有大雨或暴雨,很容易使城市发生内涝灾害,带来一定的安全隐患。小微水体的富营养化会直接导致严重的

经济损失,也使景观水体的自净能力遭受严重的破坏。而当城市处理后的水,回用于小微水体中时,富营养化水体已经达不到自净效果,不能再次利用这些水资源,造成了水资源的严重浪费,达不到节约水资源的目的(曾冠军和马满英,2016)。

2.2.3 小微水体富营养化的治理

(1)外源阻断技术。

外源阻断包括截污纳管和面源控制两种情况。针对缺乏完善污水收集系统的水体,通过建设和改造水体沿岸的污水管道,将污水截流纳入污水收集和处理系统,从源头上削减污染物的直接排放。针对目前尚无条件进行截污纳管的污水,可在原位采用高效一级强化污水处理技术或工艺,快速高效去除水中的污染物,避免污水直排对水体造成污染。面源污染主要来源于雨水径流中含有的污染物,其控制技术主要包括各种低影响开发(如海绵城市)技术、初期雨水控制技术和生态护岸技术等。水体周边的垃圾等是面源污染物的重要来源,因此水体周边垃圾的清理是面源污染控制的重要措施。

(2)内源控制技术。

清淤疏浚技术通常有两种:一种是抽干湖/河水后清淤;另一种是用挖泥船直接从水中清除淤泥。清淤疏浚能相对快速改善水质,显著降低内源氮、磷负荷,但清淤过程因扰动易导致污染物大量进入水体,影响到水体生态系统的稳定,因而具有一定的生态风险性,不能作为一种污染水体的长效治理措施。

(3)水质净化技术。

小微水体富营养化的水质净化技术主要包括以下几种:①人工曝气充氧(通入空气、纯氧或臭氧等),可以提高水体溶解氧浓度和氧化还原电位,缓解水体富营养化状况;②絮凝沉淀技术指向城市污染河流的水体中投加铁盐、钙盐、铝盐等试剂,使之与水体中溶解态磷酸盐形成不溶性固体沉淀至河床底泥中;③人工湿地技术是利用土壤-微生物-植物生态系统对营养盐进行去除的技术,多采用表面流湿地或潜流湿地,湿地植物可选择沉水植物或挺水植物;④稳定塘是一种人工强化措施与自然净化功能相结合的水质净化技术,如多水塘技术和水生植物塘技术等。

(4)水动力改善技术。

河湖调水不仅可以借助大量清洁水源稀释富营养化水体中污染物的浓度,而且可加强污染物的扩散、净化和输出,对于纳污负荷高、水动力不足、环境容量低的城市黑臭水体治理效果明显。但调用清洁水源来改善河水水质是对水资源的浪费,应尽量采用非常规水源,如再生水和雨洪利用。

(5)生态恢复技术。

小微水体富营养化控制的关键是磷的控制,在有条件的地方实行区域限磷或提高污水总磷排放标准是十分有效的措施。进入水体的磷大多以磷酸盐形式沉淀在底泥中,因此保持水-泥界面弱碱性、有氧状态是河道富营养化控制的主要举措。藻类生长人工控制技术包括各种物理技术、化学技术和生物技术(周静远,2020)。

2.3 小微水体富营养化变化特征

2.3.1 小微水体营养盐变化特征

由于小微水体容积小、环境容量小,且对外源输入营养的稀释能力较弱,不能很好地缓冲、稀释和沉降输入的氮、磷营养盐,这导致小微水体对人类活动更为敏感,人类活动产生的氮、磷等污染物排放使得小微水体外源负荷增高,易使其富营养化(文远颖,2023)。小微水体的主要污染物为有机物、氨氮、TN、TP 等,这些污染物使水体表现出不同程度的富营养化现象,不仅影响到城市景观水体的观赏价值,而且对周边居民的身体健康也存在潜在危险(王文东 等,2013)。如李跃飞等(2013)探讨了秦淮河水体 TN、TP 污染状况及时空变化特征,表明秦淮河大部分河段处于富营养化状态;尹雷(2015)收集调研了分布在我国不同区域的 157 个小微水体的水质情况,结果显示中度和重度富营养化水体占比为 75% 左右,其中黑臭水体的占比为7%,在污染成因的分析中,氮、磷较高的水体占 22%,高氮水体的占比为 34%,高磷水体的占比为 44%;康孟新等(2016)对北方某高校景观水体富营养化程度调查分析表明,其水体中 TN、TP 含量较高,氮磷比约为 2.6;石永强等(2016)研究表明,郑州大学眉湖 COD_{Cr}、BOD_5、TP、TN、NH_3-N 等主要污染物的浓度与禽类、鱼类和水生植物的分布密切相关,在监测时段内眉湖整体水质状况呈恶化趋势,从中营养状态变为轻富营养状态;白文辉等(2017)研究表明,天津市蓟运河 TP 和 TN 的浓度最大且波动较大,水体除清净湖在短时间表现为氮限制外,水体大部分时间段内表现为磷限制;邹继颖等(2017)对吉林市几个小型景观水体中总磷、可溶性正磷酸盐、可溶性总磷酸盐、不可溶性磷等进行调查分析,表明夏季北山公园 3 号、江南公园、江畔人家小区湖为中营养化水体,乌拉公园、落马湖 1 号和北山公园 1 号水体为轻度富营养化,北山公园 2 号水体为中度营养化;张永航等(2018)研究表明,观山湖湿地公园 TN 浓度丰水期大于平水期,TP 浓度丰水期小于平水期,2014—2016 年除下湖的 TN 浓度呈下降趋势外,下湖的 TP 浓度和上湖的 TN、TP 浓度均呈增长趋势;王文明等(2019)研究表明,湿地生态系统对再生水输入的高浓度氮、磷污染物有一定的净化效果,但净化效率有限且受季节因素影响明显,藻类的季节性增殖引起水体中 TN 和 TP 浓度降低、SS 降低、透明度下降及 COD 浓度升高,高浓度氮、磷营养盐输入是湿地水体藻类增殖并呈现富营养化的主要原因;李劢等(2020)研究表明,天津水上公园东湖、水上公园西湖、卫津河和阳光 100 景观湖为中营养水平,且水体的还原态氨氮含量高;郑兰香等(2021)研究表明,银川市典农河和鸣翠湖呈中营养水平,阅海呈轻度富营养状况,河湖湿地的主要污染物指标为 TN、TP 和 COD。王婷婷(2022)研究表明,太原市公园景观水体 TN 浓度随季节变化逐渐升高,年均值变化范围为 9.61~18.64 mg/L,远超过地表水Ⅴ类水标准值(2 mg/L),水体水质全年为劣Ⅴ类水,污染较严重;COD 含量整体在春季最高,年均值在 28.88~182.44 mg/L,处于超标状态,且均高于《地表水环境质量标准》(GB 3838—2002)规定的劣Ⅴ类水的标准 40 mg/L。

2.3.2 小微水体生物群落变化特征

水生态系统中生物群落正越来越多地受到富营养化的影响 (Thompson et al.,

2002)，如浮游植物、微型底栖生物、大型藻类迅速生长(Barker and katherine，1996)，以及水体中悬浮物浓度的增加。有报道显示，水体缺氧导致淹没的水生植被和渔业收成减少(Flemer et al.，1983)，导致大量渔获物的产量下降(Kirby and Miller，2005)。随着氧气的减少，富营养化状况加剧，使得大型藻类的生长深度下降，导致底栖生物群落的生物量增加和物种组成发生变化。富营养化使得浮游生物生物量增加、藻类水华频率增加、物种多样性下降。富营养化引起生物多样性发生重大改变，生物多样性的变化将会直接影响生态系统的功能和结构。有研究发现，富营养化导致水体中有机物在分解过程中产生二氧化碳，加剧了水体水质的酸化(Ansari et al.，2013)。富营养化使得大面积藻类发生水华和严重的赤潮现象，使得水体的透明度降低，进而导致大量浮游生物死亡(Kennish，2009)。有充分的证据表明，由于富营养化影响，氮和磷加速了大量浮游植物的繁殖(Brodie and Mitchell，2005)，导致浮游植物物种发生变化(Crosbie and Furnas，2001)。

针对小微水体，吴京等(2017)研究表明，百家湖水体中 TN 和 COD_{Mn} 是影响百家湖种群结构的最主要因子，NH_3-N、Chl-a 和 SD 等对优势种属时空分布也有一定影响。另外，水质评价结果表明，百家湖水体为中度富营养化，夏季面临隐藻水华暴发的危险；乔辛悦(2017)针对郑州市景观水系东风渠，通过测定水体及底泥中营养盐(TP、TN)、浮游藻类生物量 Chl-a、脱镁 Chl-a，以及水体理化特性溶解氧、pH、浊度、电导率，探讨了浮游藻类 Chl-a 与河流生境的关系，阐明了总氮、总磷浓度水平和时空分布特征，以及浮游藻类消生过程特征和绿藻暴发机理；潘鸿等(2018)研究表明，遵义市新建城市湿地公园水体中鉴定出 104 种浮游植物，分属 7 门 10 纲 19 目 33 科 52 属，总体上新建城市湿地公园水体的富营养化评价结果为中营养水平；宋景辉(2020)研究表明，九里湖国家湿地公园水体中共检测出浮游植物 7 门 106 种(属)，其中绿藻门 43 种、硅藻门 21 种、裸藻门 22 种、蓝藻门 18 种、甲藻门 2 种。九里湖水体整体富营养化程度较高，各监测站点普遍处于中富营养到富营养状态；田虹等(2023)研究表明，昭通市望海公园水体样本中共鉴定出浮游藻类 7 门 81 属 231 种，其中绿藻门 135 种、硅藻门 46 种，在种类和数量上均占据优势，其次为裸藻门(25 种)，结果显示望海公园的水质呈现富营养化；宋碧曾(2023)研究表明，济南市城市湿地富营养化导致浮游生物物种丰富度增加、浮游生物多样性增加、浮游生物功能丰富度指数增加，在轻度富营养化湿地中，物种丰富度最高(浮游植物 25 种、浮游动物15 种)、香农多样性指数最高(浮游植物 2.75、浮游动物 2.77)、辛普森多样性指数最高(浮游植物 0.71、浮游动物 0.73)、功能丰富度指数最高(浮游植物 0.17、浮游动物 0.22)。

第3章 实验设计及过程

3.1 研究区域概况

本书主要以郑州大学新校区眉湖为实验场地,眉湖是郑州大学新校区内典型的小型人工景观湖,位于郑州大学新校区厚德大道和滨湖路之间,处于校园的中心位置,研究区域示意图如图 3-1 所示。

图 3-1　研究区域示意图

眉湖是郑州大学新校区在 2001 年建造的小型人工景观湖,其东西宽 30~60 m,南北长约 500 m,湖中水面面积约为 2.2 万 m²。其半包围核心教学区的西半部,西临厚德大道,东临滨湖路,呈长弧形,因其整体外形像眉,故取名为"眉湖",又名"博雅湖"。眉湖水体是循环系统,主要包括上扬式曝气管的循环、局部的喷泉及整体的南北循环。供水水源包括地下水和雨水两部分,其中地下水补给占主要部分,雨水是处理过的储存雨水,储存池在校园北侧的厚山蓄水池。供水源头有 3 个:南端 1 个、北端 1 个,以及水流通过人工渠道从厚山流入北端湖内。湖中有大量的观赏鱼和禽类,这增加了眉湖生态环境的多样性。为保证湖水中有足够的溶解氧维持鱼类的生存,湖内共设有 11 个潜入式曝气机、3 个上扬式曝气机,并采用交叉方位安置,不仅保证了湖水中有充足的氧气,还能促进水体流动,进一步防止湖水恶化。眉湖主要分为北、中、南三段,其中中段较长且水流和水质相对稳定,北端地势较高(高 10 cm 左右),相对比较封闭,因南端设计有高低阶,故眉湖南段和中段湖水的流通性要好于北端和中段。为了了解眉湖的水环境以及设置实验监测断面和采样点,本次研究根据研究区域的实际地形条件对眉湖湖面进行了概化,其主要包括眉湖湖水的区域边界、湖中陆面和过湖桥面,眉湖地形概化图如图 3-2 所示。

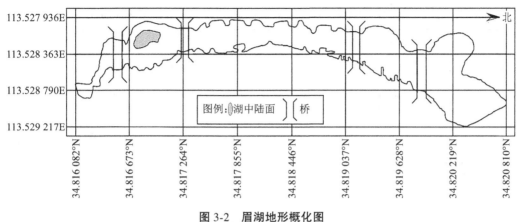

图 3-2　眉湖地形概化图

3.2　室内实验设计及过程

3.2.1　实验设计及采样点选择

采用眉湖原水作为实验水样进行室内藻类培养实验,设置不同情景的光照强度与营养盐浓度,观察水体中的藻类在不同条件下的生长趋势,分析水体中的浮游藻类在不同生长条件下的生长情况,并判断不同的影响因子对水体中藻类的生长起到积极作用还是抑制作用,是缓解藻类的衰减速率还是加快藻类的衰减程度,以及判定藻类在生长、衰减过程中水体中的无机盐浓度变化情况。实验设置多种不同情景,判定藻类分别在室内人工光源、自然光照或无光条件下对于水环境中氮含量增加,磷含量增加,氮、磷含量同时增加情况下藻类的生长状况,根据不同情景下的藻类浓度变化,分析不同因素对藻类生长的影响程度。

室内实验的目的是根据不同光照强度与氮、磷营养盐浓度下藻类指标含量变化情况,分析光照强度与氮、磷营养盐对藻类生长过程中的影响作用程度及差异性。

室内实验原理是水体中藻类生长变化受多种外部环境及水体内部环境影响,外部因素如光照强度、温度等天气状况和人为因素的影响,内部因素如水体中氮、磷营养盐的浓度、盐度、电导率和酸碱度等。实验以光照强度和氮、磷营养盐浓度为研究切入点,是因为水体中氮含量受藻类生长、死亡和地球化学环境的强烈影响,磷含量也受到季节性水文过程变化的影响。除了营养盐条件,光照条件也是藻类生长的限制因子,光合作用是活体藻类的基本生命活动,而水体透明度变化对藻类生长有直接影响。

实验针对眉湖氮、磷营养盐和光照强度变化对藻类含量影响展开研究。眉湖是郑州大学校园内小型人工景观湖,湖中设有曝气装置,眉湖北端连通着厚山蓄水池,为眉湖供给水源,南侧有小型喷泉,同样为眉湖水体提供水量,湖中铺设有进、出水口等水循环系统装置,用于眉湖水体的循环,减缓水体富营养化过程。实验选择的采样点位于眉湖南侧的黑天鹅活动区域,由于此处是黑天鹅圈养所在区域,对黑天鹅喂养投放饲料以及黑天鹅在该区域的排泄活动等因素,造成了此处的水质质量差于眉湖其他区域,水体浑浊,透明度也较低,故此处水体中氮、磷浓度较高,藻类浓度值也高于其他区域。所以,将此处作为实验水体的采样点具有一定的代表性。眉湖及采样点位置分布如图3-3所示。

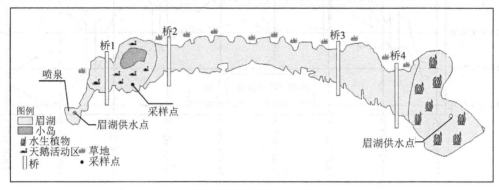

图 3-3 眉湖及采样点位置分布

3.2.2 室内实验情景设计

室内实验步骤主要包括水样采集点选择、采集水样、室内情景设计、营养液的配置及水体数据观察与比较等过程。考虑眉湖整体藻类分布大致状况，为使室内实验更具明显性，实验水样采集点设在水质较差、利于浮游植物生长的眉湖黑天鹅活动区(见图3-3)。水样采集后直接送到实验室进行浮游植物室内观测培养实验，而采样点距离实验室仅数百米的距离，故水样采集不考虑保存条件，水样采集与培养过程中所用的容器均为12 L四方体透明塑料水箱，按照设计情景开展实验。水体采集到室内培养时，首先对水体中的总氮、总磷进行测定，并根据测得的总氮、总磷浓度，配置近似浓度的氮、磷营养液，配置的营养液类型包括氮营养液，磷营养液，氮、磷混合营养液；然后按照表3-1中的情景，在情景3中加入与水体中氮含量相等的氮营养液，使得水体中的氮浓度大约升高1倍；在情景4中加入与水体中磷含量相等的磷营养液，使得水体中的磷浓度大约升高1倍；在情景5、6中加入与水体中氮和磷含量相等的氮、磷营养液，使得水体中的氮和磷浓度大约同时升高1倍；情景1、2保持为原湖水且将情景1置于室外自然光照条件下，观察在自然光照条件下的浮游植物变化情况，而情景2则与情景3、4、5一致，处于室内光照条件下；情景6除在数据测量时会受到光照外，其他时间段则完全隔离光照，处于完全无光的条件下，以此来判断在没有光照影响下浮游植物的生长情况。

表 3-1 室内实验情景设计

情景序号	情景 1	情景 2	情景 3	情景 4	情景 5	情景 6
情景设置条件	自然光照	人工光源	加氮营养液，人工光源	加磷营养液，人工光源	加氮、磷营养液，人工光源	加氮、磷营养液，无光照

考虑到每种影响因子对藻类生长的作用差异，在室内实验情景设计中，将设置的其他情景与室内光条件下的原湖水培养条件进行对比，分析在原湖水基础上改变培养水体中氮和磷的浓度、光照强度等因素对水体中藻类产生的影响。实验共重复6次，前2次是以购买的藻种为培养对象作为实验前期开展的探究，后4次则采用眉湖原水进行试验。前三组均为室内实验，后三组为正式实验，分为室内光照和室外自然光照情景，后三组实验

室内自然光照强度与室外自然光照强度对比如表 3-2 所示。

表 3-2　后三组实验室内光照强度与室外自然光照强度对比

光照条件	第四组	第五组	第六组
室内光/lx	1 029	1 029	1 029
自然光/lx	73 743	69 386	73 950

根据室内实验不同情景实验组需求,向不同情景实验水体中加入一定量的氮、磷营养盐,分别配置了 5 mg/L 的磷酸盐营养液和 100 mg/L 的氨氮营养液。根据表 3-3 中氮、磷浓度可知,室内实验培养水体约为 10 L,加入对应含量的磷营养液约为 50 mL,氮营养液约为 20 mL,因同时加入氮、磷营养液不超过 100 mL,与 10 L 培养水体相比,小于 1%,可以忽略加入氮、磷营养盐对培养水体中藻类指标浓度和其他水质指标浓度的变化差异。

表 3-3　实验组中 TN、TP 含量平均值　　　　　　　　　　单位:mg/L

实验组	TN		TP	
	原湖水浓度	添加后浓度	原湖水浓度	添加后浓度
第三组	1.57	2.63	0.021	0.039
第四组	1.72	2.91	0.024	0.054
第五组	1.24	2.75	0.027	0.049
第六组	1.65	3.11	0.026	0.053

3.2.3　藻类培养与数据监测

室内实验开展时间段为 2019 年 7—10 月,其间共进行了 6 组培养与观察实验,第一组实验的时间段为 7 月 18—25 日,培养水体一种为眉湖原水,另一种为投入藻种的培养水体,设置两种水体的目的是与眉湖水体进行比较,观察在相同光照强度和氮、磷浓度条件下两种水体藻类含量的变化趋势,与眉湖原水体中藻类的变化趋势进行对比,观察两者之间浓度变化的异同之处。第二组实验开展时间自 7 月 29 日到 8 月 5 日,此次实验仅包含两种藻种培养情景,用以分析和验证第一组实验与此次实验的差异,判断投放藻种的培养水体中藻类浓度变化的合理性,来决定后续实验水体藻种培养采用的培养方法。第三组实验的时间段为 8 月 13—21 日,根据前两次实验情况,观察出投放藻种的培养水体藻类含量下降迅速,故决定实验以眉湖原水作为藻类培养水体比较合适,所以第三组实验采用眉湖原水作为培养水体,并设置对照组(室内光照、眉湖原水)、加盐组(室内光照、眉湖原水加营养盐)和加盐无光组(眉湖原水加营养盐、无光照),对比三种不同情景下藻类浓度变化差异,确定与对照组相比,加盐组和加盐无光组对藻类生长的影响。第四组至第六组实验起止时间为 8 月 31 日至 10 月 13 日,这三组实验按照表 3-1 所设定的 6 种情景开展,并根据实验结果对比不同情境下的藻类生长情况,得出不同情景下藻类生长变化的差异以及氮、磷和光照条件对藻类生长的影响。

实验数据监测指标主要有温度(T)、盐度(S)、溶解氧(DO)、pH、叶绿素 a(Chl-a)、藻蓝蛋白(BGA-PC)、氨氮(NH_3-N)、光照强度(IL)、总氮(TN)、总磷(TP)。其中,T、S、

DO、pH、Chl-a、BGA-PC、NH_3-N 等指标使用 KOR-EXO 多参数水质检测仪与 HACH 多参数水质检测仪测量获得,利用 HACH 总氮、总磷测量仪测量水体中 TN、TP 浓度,为准确测量水体中氮、磷离子的浓度,测量前使用孔径为 10 μm 的滤膜和 Joanlab VP-10 L 真空泵过滤水体中的杂质。其中,Chl-a 代表水体富营养化程度的指标,由于水体中可能生长有多种浮游藻类,单一叶绿素指标只能代表其中一部分,所以再对比测量的总藻类指标 BGA-PC 分析影响因子对这两种指标影响的异同点,BGA-PC 指标则表示水体中总藻类含量。

3.2.4 藻类生长衰减率计算与分析

对水体中藻类浓度变化的描述,引用藻类生长死亡率指标可以直接了解藻类浓度变化情况,考虑实验中藻类变化具有生长衰减的阶段性,根据水体中藻类浓度的变化趋势,划分实验中藻类生长衰减阶段,并计算出不同阶段藻类变化率。采用比生长速率计算藻类浓度每日变化的情况,根据实验每日监测的 Chl-a 与 BGA-PC 浓度的变化计算相应的生长衰减率,计算公式如下:

$$\mu = \frac{\ln X_2 - \ln X_1}{T_2 - T_1} \quad (3\text{-}1)$$

式中:μ 为计算时间段内藻类生长率(增长为正,衰减为负),d^{-1};X_1 和 X_2 分别为计算时段开始时与结束时水体中藻类指标浓度值(Chl-a 或 BGA-PC),μg/L;T_1 和 T_2 分别为计算起始时间和计算结束时间,d。

浓度较小时,数值在小范围内变化却对结果影响较大,因此当水体中某一阶段藻类指标浓度均小于 1 μg/L 时,不再使用式(3-1)计算,且认为藻类已衰减到一定程度,后续认定为稳定期。

根据计算藻类生长率的变化趋势,可根据实际实验情况对藻类不同的生长阶段进行划分,依次可划分为增长阶段、衰减阶段与稳定阶段。

另外,针对藻类指标的增长衰减量做出相关计算,确定不同阶段藻类浓度日均变化情况,计算公式如下:

$$\bar{a} = \frac{|X_2 - X_1|}{T_2 - T_1} \quad (3\text{-}2)$$

式中:$\bar{a}$ 为藻类指标日增长/衰减量;其他字母含义同前。

3.3 现场监测实验设计及过程

3.3.1 现场实验方案设计

现场实验设计的主要内容有:确定实验范围,布设监测断面和监测点;设计具体的实验操作方法,包括水样、底泥样的采集及保存方法,水质相关指标的监测方法及水深、流速等测量方法;监测不同断面以及取样点的相关监测指标。实验研究的范围为郑州大学眉湖的整个湖面,实验中共设置 5 个监测断面(Ⅰ、Ⅱ、Ⅲ、Ⅳ、Ⅴ)、6 个取样点(0#、1#、2#、3#、

$4^{\#}$、$5^{\#}$,其中 $0^{\#}$ 取样点位于厚山),取样点的地理坐标如表 3-4 所示,监测断面及取样点布设示意图见图 3-4。

表 3-4 眉湖监测断面及现场取样点的地理坐标

监测断面	取样点	经度/°E	纬度/°N
I	$1^{\#}$	113.528 363	34.816 566
II	$2^{\#}$	113.528 149	34.817 250
III	$3^{\#}$	113.528 149	34.817 998
IV	$4^{\#}$	113.528 470	34.819 628
V	$5^{\#}$	113.529 017	34.820 280

注:厚山源头处($0^{\#}$ 取样点)经、纬度坐标为 113.529 799°E、34.823 858°N。

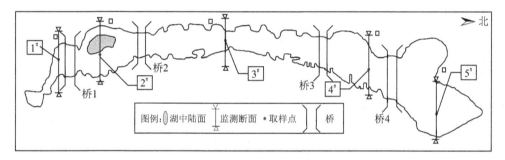

图 3-4 现场实验监测断面及取样点布设示意图

监测断面 I 位于桥 1 的南侧,此处水体受喷泉的影响较大,喷泉开启时对 $1^{\#}$ 取样点的水体扰动较大;监测断面 II 位于桥 1 与桥 2 之间,此处圈养了禽类(白鹅和黑天鹅)及大量的观赏鱼类,此处受到人为因素影响相对较大,如投放鱼饵料以及天鹅食物等;监测断面 III 位于桥 2 与桥 3 之间,即湖中心位置,此处岸边有少量的水生植物(香蒲、荷花等),且水体的流动性较差;监测断面 IV 位于桥 3 与桥 4 之间,此处有少量的水生植物;监测断面 V 位于湖北端,此处有大量的水生植物(香蒲、荷花、水葱、荇菜等)。实验监测了18 个指标,其中现场监测指标有 12 个,主要包含气象因子光照强度(IL);水环境因子:透明度(SD)、浊度、溶解氧(DO)、水温(T)、pH、电导率(EC)、氧化还原电位(ORP)、叶绿素 a(Chl-a)和藻类(PYT);水文因子:水深(H)和流速(v)。实验室检测指标有 6 个水环境因子,包括化学需氧量(COD)、五日生化需氧量(BOD_5)、总磷(TP)、总氮(TN)、氨氮(NH_3-N)、硝酸盐氮(NO_3-N),实验室检测指标通过送往相关环境监测部门实验室进行检测,包括水样和底泥样。

3.3.2 实验现场监测及取样过程

2015 年 4—7 月在郑州大学新校区眉湖进行了现场监测实验及水体取样。按照实验设计将实验团队成员分成了现场监测和取样两组,每组携带不同的实验设备,承担不同的实验任务,现场监测组主要是对 5 个监测断面的监测指标进行现场监测,取样组主要是根据实验要求对不同的断面及取样点采集水样和底泥样。实验在眉湖的 5 个监测断面取样点共进行了 10 次系统监测,其中共采集了 23 个水样和 5 个底泥样。实验现场监测及取样过程如表 3-5 所示。

表 3-5　实验现场监测及取样过程

监测时间 （月-日）	实验内容		
	现场监测	水体取样	底泥取样
04-30		取样点:0#、1#、2#、3#、4#、5#	无
05-08		无	无
05-16		取样点:2#、3#、5#	取样点:2#、3#
05-23	监测断面:Ⅰ、Ⅱ、 Ⅲ、Ⅳ和Ⅴ 监测指标:现场监测指标	无	无
05-28		取样点:0#、1#、2#、3#、4#、5#	无
06-06		无	无
06-15		取样点:2#、3#、5#	取样点:2#、3#、5#
06-21		无	无
06-29		取样点:1#、2#、3#、4#、5#	无
07-08		无	无

现场监测主要是通过相应的实验监测仪器对现场监测指标(IL、SD、浊度、DO、T、pH、EC、ORP、Chl-a、PYT、H 和 v)进行现场实时监测;水体取样和底泥取样是将取到的水样和底泥样送到相关环境监测部门对 COD、BOD_5、TP、TN、NH_3-N、NO_3-N 指标进行实验室检测。

3.3.3　实验仪器及监测方法

现场监测实验仪器主要有:希玛 AS823 光照强度测试仪,用于监测眉湖的气象因子光照强度(IL);LGY-Ⅱ型智能流速仪,用于监测湖水流速(v);HSW-1000DIG 型便携式超声波测深仪,用于监测湖水水深(H);WGZ-2B 便携式浊度仪,用于监测湖水浊度;SD-20 塞氏盘,用于监测湖水透明度(SD);HACH 水质监测组件,主要用于监测湖水 DO、pH、EC 和 ORP;Hydrolab DS5 仪器,主要用于监测湖水的水温、Chl-a 和 PYT;其他的实验器材有自制底泥取样器、聚乙烯水壶、塑料袋等。

实验室检测用到的仪器主要有:BSP-250 生化培养箱,用于检测 BOD_5,采用《水质 五日生化需氧量(BOD_5)的测定 稀释与接种法》(HJ 505—2009);50 mL 酸式滴定管回流装置,用于检测 COD,采用《水质 化学需氧量的测定 重铬酸盐法》(HJ 828—2017);T6 新世纪紫外可见分光光度计,检测 NH_3-N、TP 和 TN,分别采用《水质 氨氮的测定 纳氏试剂分光光度法》(HJ 535—2009)、《水质 总磷的测定 钼酸铵分光光度法》(GB/T 11893—1989)和《水质 总氮的测定 碱性过硫酸钾消解紫外分光光度法》(HJ 636—2012);863Basic 瑞士万通离子色谱仪,用于检测 NO_3-N,采用《水质 无机阴离子(F^-、Cl^-、NO_2^-、Br^-、NO_3^-、PO_4^{3-}、SO_3^{2-}、SO_4^{2-})的测定 离子色谱法》(HJ 84—2016)。

第 4 章　不同光盐条件下藻类生长室内实验研究

4.1　室内预实验研究结果分析

4.1.1　实验第一、二组观测结果

藻类浓度变化趋势观察的基础实验是第一、二组实验,这两组实验主要是以投放藻种实验开展的,实验时间是 7 月 18 日至 8 月 5 日。实验第一、二组监测数据 Chl-a 浓度和 BGA-PC 浓度变化如图 4-1 所示。

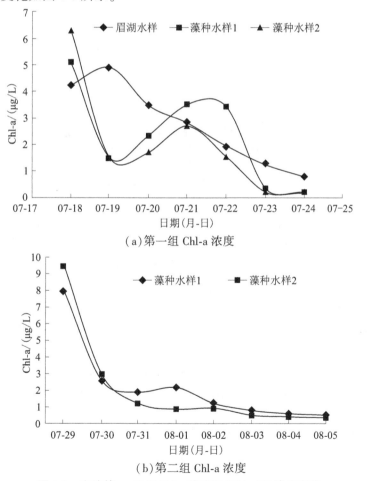

（a）第一组 Chl-a 浓度

（b）第二组 Chl-a 浓度

图 4-1　实验第一、二组 Chl-a 浓度和 BGA-PC 浓度变化

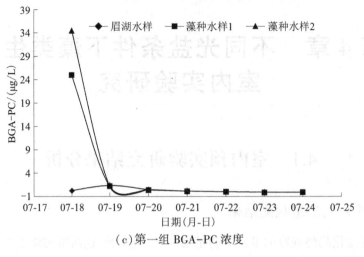

（c）第一组 BGA-PC 浓度

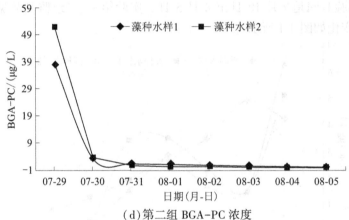

（d）第二组 BGA-PC 浓度

续图 4-1

根据图 4-1 和第一、二组实验相关参数均值(见表 4-1)可知,两组实验在平均温度方面无明显差别,都维持在 29~30 ℃;溶解氧浓度在 7 mg/L 左右,表明两组实验水体中的溶解氧含量相差不大,在合理范围内;两组实验水体 pH 都为 8~9,表明两组实验水体都呈弱碱性,酸碱度条件一致;眉湖水样的盐度要小于藻种水样的盐度,说明两种水样的藻类指标浓度变化不一致的原因可能包含盐度因素;第一、二组实验监测数据中差别最显著的是氧化还原电位值,前者电位值范围为 120~150 mV,后者仅在 30 mV 左右,根据监测的数据,氧化还原电位的差异可能是引起两组实验 Chl-a 浓度变化差异的原因。

表 4-1 第一、二组实验相关参数均值

实验组	水样类别	温度/℃	氧化还原电位/mV	溶解氧/(mg/L)	pH	盐度
第一组	眉湖水样	29.66	128.64	7.17	8.62	0.25
	藻种水样 1		141.16	7.38	8.47	0.46
	藻种水样 2		145.89	6.87	8.41	0.46
第二组	藻种水样 1	29.51	33.09	6.10	8.35	0.41
	藻种水样 2		29.19	6.79	8.51	0.41

　　根据图 4-1、表 4-2 和表 4-3 可知,两组实验中 Chl-a 含量都呈现减少的趋势,但其变化情况又有差别。第一组实验两种藻种水样 Chl-a 浓度变化经过衰减、增长、再衰减的过程,两个衰减期阶段日衰减量分别是 3.63 μg/L 和 3.09 μg/L(藻种 1)、4.80 μg/L 和 1.33 μg/L(藻种 2),且大于增长期阶段日增加量 1.01 μg/L 和 0.60 μg/L,整体趋势中衰减量大于增长量;第一组眉湖水样中 Chl-a 浓度日变化量小于前者,其增长量和衰减量分别为 0.67 μg/L 和 0.82 μg/L,表明原湖水中藻类浓度变化相对于藻种水样中的较稳定。第二组实验 Chl-a 先衰减后稳定,两种藻种水样变化趋势相近,其日衰减量分别为 5.36 μg/L 和 2.84 μg/L,培养藻种衰减速率却要高于眉湖原水体 Chl-a 的衰减,表明直接以藻种作为实验培养对象不太适合。观察实验组 BGA-PC 的变化情况,两组实验藻种水样中 BGA-PC 浓度变化程度均为剧减后稳定,而衰减时间均不超过 2 d,其中第一组中的两种藻种水体剧减期日最大衰减量分别为 23.86 μg/L 和 33.31 μg/L,而后基本上处于稳定状态;第二组实验的两种藻种水样的 BGA-PC 的最大日衰减量分别为 34.94 μg/L 和 48.23 μg/L。

表 4-2　第一、二组实验 Chl-a 生长时期划分与生长情况量化(7—8 月)

实验组	项目	生长阶段					
		剧减期	增长期	稳定期	剧减期	衰减期	稳定期
第一组	藻种水样 1	7 月 18—19 日	7 月 19—21 日	7 月 21—22 日	7 月 22—23 日		7 月 23 日以后
	生长率	−1.23	0.21	−0.02	−2.29		—
	日变化量/(μg/L)	3.63	1.01	0.08	3.09		0.14
	藻种水样 2	7 月 1—19 日	7 月 19—21 日			7 月 21—23 日	7 月 23 日以后
	生长率	−1.44	0.30			−1.25	—
	日变化量/(μg/L)	4.80	0.60			1.33	0.019
	眉湖水样		7 月 18—19 日			7 月 19 日以后	
	生长率		0.15			−0.40	
	日变化量/(μg/L)		0.67			0.82	
第二组	藻种水样 1	7 月 29—30 日	7 月 30 日至 8 月 1 日		8 月 1—3 日		8 月 3 日以后
	生长率	−1.12	−0.086		−0.51		—
	日变化量/(μg/L)	5.36	0.20		0.70		0.13
	藻种水样 2	7 月 29 日至 8 月 1 日	8 月 1—2 日				8 月 2 日以后
	生长率	−0.8	—				—
	日变化量/(μg/L)	2.84	0.07				0.19

表 4-3　第一、二组实验 BGA-PC 生长时期划分与生长情况量化(7—8 月)

实验组	项目	生长阶段			
		增长期	衰减期	剧减期	稳定期
第一组	藻种水样 1			7 月 18—20 日	7 月 20 日以后
	生长率			−2.03	—
	日变化量/(μg/L)			12.31	0.11
	藻种水样 2			7 月 18—20 日	7 月 20 日以后
	生长率			−2.23	—
	日变化量/(μg/L)			17.05	0.09
	眉湖水样	7 月 18—19 日	7 月 19—20 日		7 月 20 日以后
	生长率	1.71	−1.10		—
	日变化量/(μg/L)	1.14	0.93		0.12
第二组	藻种水样 1			7 月 29 日至 8 月 2 日	8 月 2 日以后
	生长率			−0.97	—
	日变化量/(μg/L)			9.29	0.21
	藻种水样 2			7 月 29—31 日	7 月 31 日以后
	生长率			−2.12	—
	日变化量/(μg/L)			25.53	0.15

另外,两组实验 BGA-PC 的变化情况相似,表明在藻种水样中总藻类变化情况一致,均为直接衰减至极低值后维持稳定。而第一组实验眉湖水样的 BGA-PC 浓度虽然刚开始远小于藻种水样,但其浓度变化先增长后衰减,其增长期和衰减期的日变化量分别为 1.14 μg/L 和 0.93 μg/L,增长期为 1 d,衰减期为 2 d,最后总体处于稳定。

虽然眉湖水样 BGA-PC 浓度前期较小,但水体中 BGA-PC 含量出现波动。结合水体中 Chl-a 与 BGA-PC 的变化情况,认为以眉湖水作为实验培养水体最为合适。

4.1.2　实验第三组(原生藻培养)观测结果

根据第一、二组实验对藻类浓度变化趋势的观察,以眉湖原水作为实验培养水体更符合实际情况,得到的结果也更准确,因此第三组实验以眉湖水样作为实验观察对象,实验观察眉湖水样在室内光条件、室内光加营养盐条件和无光加营养盐条件下的藻类指标变化情况,以确定在这三种情况下藻类浓度的变化趋势,实验日期为 8 月 13—21 日。通过观察测得实验期间 Chl-a 与 BGA-PC 浓度变化趋势,如图 4-2 所示,三种情景下水体中 TN、TP 浓度初始值与光照强度如表 4-4 所示,不同情景相应生长阶段下藻类指标生长率与日变化量情况如表 4-5 及表 4-6 所示。

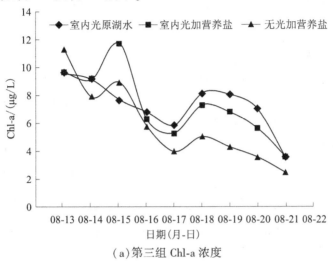

（a）第三组 Chl-a 浓度

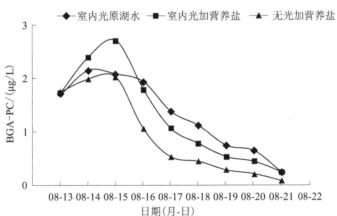

（b）第三组 BGA-PC 浓度

图 4-2　第三组实验 Chl-a 浓度与 BGA-PC 浓度变化

表 4-4　第三组实验三种情景下水体中 TN、TP 浓度初始值与光照强度

指标	室内光原湖水	室内光加营养盐	无光加营养盐
TN/（mg/L）	1.57	2.72	2.53
TP/（mg/L）	0.21	0.37	0.41
IL/lx	1 029	1 029	0

表 4-5　第三组实验 Chl-a 生长时期划分与生长情况量化(8 月)

实验组	条件	生长阶段					
		衰减期	生长期	稳定期	衰减期	生长期	衰减期
第三组	室内光原湖水	13—17 日	17—18 日	18—19 日	19 日以后		
	生长率	-0.12	0.33	-0.01	-0.40		
	日变化量/(μg/L)	0.92	2.27	0.09	2.24		
	室内光加营养盐	13—14 日	14—15 日		15—17 日	17—18 日	18 日以后
	生长率	-0.05	0.25		-0.40	0.32	-0.23
	日变化量/(μg/L)	0.49	2.57		3.22	2.01	1.85
	无光加营养盐	13—14 日	14—15 日		15—17 日	17—18 日	18 日以后
	生长率	-0.36	0.13		-0.41	0.24	-0.24
	日变化量/(μg/L)	3.43	1.13		2.50	1.07	1.23

表 4-6　第三组实验 BGA-PC 生长时期划分与生长情况量化(8 月)

实验组	条件	生长阶段		
		生长期	稳定期	衰减期
第三组	室内光原湖水	13—14 日		14 日以后
	生长率	0.24		-0.32
	日变化量/(μg/L)	0.46		0.28
	室内光加营养盐	13—15 日		15 日以后
	生长率	0.23		-0.40
	日变化量/(μg/L)	0.49		0.91
	无光加营养盐	13—14 日	14—15 日	15 日以后
	生长率	0.13	0.02	-0.55
	日变化量/(μg/L)	0.14	0.02	0.96

　　根据水体中 Chl-a 浓度的变化[见图 4-2(a)、表 4-5],三种情景实验中室内光加营养盐的水体中叶绿素 a 浓度波动情况最为显著,无光加营养盐情景下的叶绿素 a 浓度变化趋势与前者相似,但自实验开始其浓度值在三者中最小,三种情景下的叶绿素 a 浓度总体变化情况存在相似之处。其中,室内光条件下的水体中叶绿素 a 的日衰减量为 0.92 μg/L,从实验开始(13 日)持续到 17 日,而后 18 日再以增长量 2.27 μg/L 增长了 1 d,随后稳定 1 d,又以 2.24 μg/L 的日衰减量直到实验结束,最终水体中 Chl-a 浓度为 3.60 μg/L;室内光加营养盐与无光加营养盐两种情景下的 Chl-a 开始时的日衰减量分别为 0.49 μg/L 和 3.43 μg/L,衰减 1 d 后又以日增长量 2.57 μg/L 和 1.13 μg/L 增加 1 d,随后又以日衰减量 3.22 μg/L 和 2.50 μg/L 的速率衰减 2 d,再经过增长(日增长量分别为

2.01 μg/L 和 1.07 μg/L)稳定与衰减(日衰减量分别为 1.85 μg/L 和 1.23 μg/L)等阶段,水体中的 Chl-a 浓度最终为 3.63 μg/L 和 2.49 μg/L;总体上水体中叶绿素 a 呈现衰减趋势。由此可知,虽然加入营养盐后会影响水体中叶绿素 a 的变化,但实验过程中室内光照下水体中叶绿素 a 浓度最高,其次为室内光加营养盐情景,而无光条件下的叶绿素 a 浓度最低。这表明虽然高营养盐会促进叶绿素 a 的浓度变化波动范围,加速藻类的生长衰减,低营养盐条件下藻类生长比较稳定,而如果水体处于无光条件下,即使水体中营养盐含量较高,与其他两种情景相比,仍然不利于浮游藻类的生长,所以认为光照是影响藻类生长的最主要因素。

根据图 4-2(b)与表 4-6,可了解水体中藻类总量的变化情况。根据监测数据可知,除实验前三天可观察到藻蓝蛋白上升外,后期实验中藻蓝蛋白基本上处于持续下降的状态。就增长阶段(8 月 13—15 日)而言,三种情景中室内光加营养盐条件下藻蓝蛋白浓度增长速度最快,其日增长量为 0.49 μg/L,连续增长 2 d,而无光加营养盐条件下的藻蓝蛋白日增长量为 0.14 μg/L,增长 2 d,上升速率最慢,室内光原湖水条件下藻蓝蛋白以日增长量 0.46 μg/L 增长 1 d。这表明在相同光照条件下,水体中营养盐含量越高对藻类生长的促进作用越强,水体中藻类生长速率越快;而对比室内光原湖水与无光加营养盐情景可知,即使水体中营养盐含量相对较高,但在无光条件下,其水体中藻类生长速率则不如室内光原湖水条件下水体中藻类的生长速率。综上可知,营养盐对藻类生长的促进作用小于无光条件对藻类生长的抑制作用。

根据后期实验(8 月 15—21 日)数据观察,在藻类衰减过程中,室内光加营养盐与无光加营养盐条件下,藻类的日衰减量分别为 0.91 μg/L 和 0.96 μg/L,均大于室内光原湖水情景下藻蓝蛋白的日衰减量 0.28 μg/L,且在 8 月 16 日后,室内光加营养盐和无光加营养盐水体中的藻蓝蛋白浓度均小于室内光原湖水中藻蓝蛋白浓度,表明水体中高营养盐浓度不仅有利于藻类的生长,也会加快水体中藻类的衰减过程。无光条件对水体中藻类衰减过程的影响大于其对藻类生长的影响,在其总体趋势中可知无光条件对藻类生长的抑制作用非常显著。根据实验可知,在藻类培养过程中是由生长和衰减两部分组成,且衰减过程经历的时间段较长于生长过程。

对于此次藻类浓度的变化观察实验,由于未详细记录天气状况,根据后三组实验中天气状况的差异,再对培养水体中藻类变化做详细分析。

4.2　室内正式实验研究结果分析

对藻类浓度的变化趋势分析主要依据第四组至第六组实验,实验时间由 8 月 31 日开始,至 10 月 13 日结束,这三组实验是在第三组实验的基础上再增加三种培养情景,最终以六种实验情景观察水体中藻类浓度指标。以此分别确定光照强度,氮、磷营养盐对藻类生长过程的影响,得出三种影响因子在藻类生长过程中的影响程度。三组实验中各藻类指标如图 4-3~图 4-5 所示,不同情景对应的生长阶段下藻类指标生长率与日变化量情况如表 4-7~表 4-12 所示。

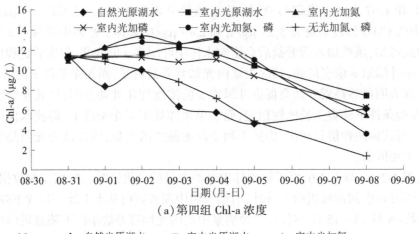

(a) 第四组 Chl-a 浓度

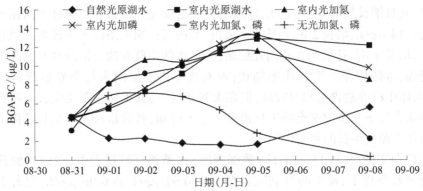

(b) 第四组 BGA-PC 浓度

图 4-3　第四组实验 Chl-a 浓度与 BGA-PC 浓度变化

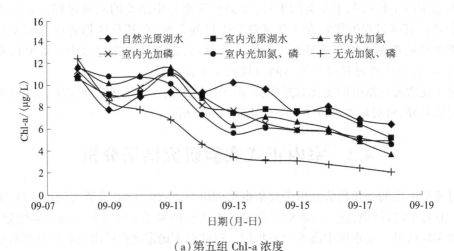

(a) 第五组 Chl-a 浓度

图 4-4　第五组实验 Chl-a 浓度与 BGA-PC 浓度变化

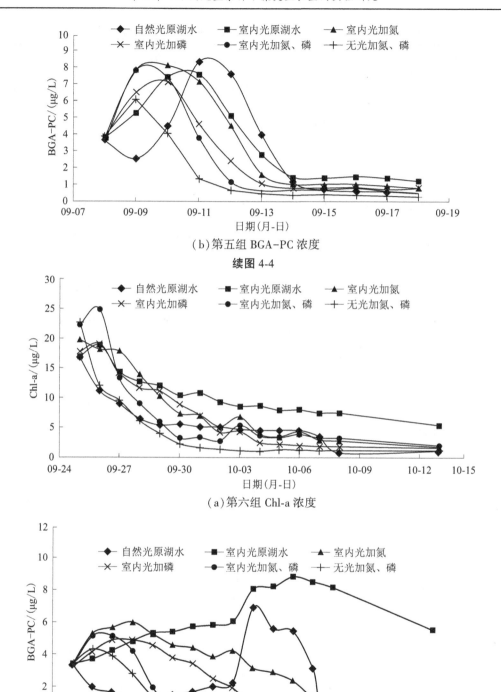

（b）第五组 BGA-PC 浓度

续图 4-4

（a）第六组 Chl-a 浓度

（b）第六组 BGA-PC 浓度

图 4-5　第六组实验 Chl-a 浓度与 BGA-PC 浓度变化

表 4-7　第四组实验 Chl-a 生长时期划分与生长情况量化（8—9 月）

实验组	项目	生长阶段				
		衰减期	生长期	稳定期	衰减期	生长期
第四组	自然光原湖水	8月31日至9月1日	9月1—2日		9月2—5日	9月5日以后
	生长率	−0.31	0.18		−0.26	0.09
	日变化量/(μg/L)	3.03	1.66		1.80	0.50
	室内光原湖水			8月31日至9月4日	9月4日以后	
	生长率				−0.22	
	日变化量/(μg/L)			0.04	1.04	
	室内光加氮		8月31日至9月2日	9月2—4日	9月4日以后	
	生长率		0.10	−0.01	−0.22	
	日变化量/(μg/L)		0.22	0.03	0.58	
	室内光加磷			8月31日至9月4日	9月4日以后	
	生长率			−0.01	−0.14	
	日变化量/(μg/L)			0.04	0.43	
	室内光加氮、磷		8月31日至9月4日		9月4日以后	
	生长率		0.04		−0.33	
	日变化量/(μg/L)		0.18		0.73	
	无光加氮、磷	8月31日以后				
	生长率	−0.27				
	日变化量/(μg/L)	0.89				

表 4-8　第四组实验 BGA-PC 生长时期划分与生长情况量化（8—9 月）

实验组	项目	生长阶段				
		衰减期	生长期	稳定期	衰减期	生长期
第四组	自然光原湖水	8 月 31 日至 9 月 1 日		9 月 1—5 日		9 月 5 日 以后
	生长率	−0.33		−0.02		0.41
	日变化量/（μg/L）	0.63		0.03		2.40
	室内光原湖水		8 月 31 日至 9 月 5 日	9 月 5 日 以后		
	生长率		0.21	−0.02		
	日变化量/（μg/L）		1.84	0.05		
	室内光加氮		8 月 31 日至 9 月 4 日	9 月 4—5 日	9 月 5 日 以后	
	生长率		0.23	0.02	−0.10	
	日变化量/（μg/L）		1.53	0.02	0.26	
	室内光加磷		8 月 31 日至 9 月 5 日		9 月 5 日 以后	
	生长率		0.22		−0.10	
	日变化量/（μg/L）		2.01		0.26	
	室内光加氮、磷		8 月 31 日至 9 月 5 日		9 月 5 日 以后	
	生长率		0.29		−0.59	
	日变化量/（μg/L）		3.23		0.83	
	无光加氮、磷		8 月 31 日至 9 月 2 日		9 月 2 日 以后	
	生长率		0.23		−0.53	
	日变化量/（μg/L）		0.57		0.96	

表 4-9　第五组实验 Chl-a 生长时期划分与生长情况量化(9 月)

实验组	项目	衰减期	生长期	衰减期	稳定期	增长期	衰减期
第五组	自然光原湖水	8—9 日	9—13 日	13 日以后			
	生长率	−0.34	0.07	−0.09			
	日变化量/(μg/L)	0.29	0.32	0.37			
	室内光原湖水	8—9 日	9—11 日	11—13 日	13—16 日		16 日以后
	生长率	−0.15	0.10	−0.20			−0.38
	日变化量/(μg/L)	0.14	0.22	0.33			0.32
	室内光加氮	8—9 日	9—11 日	11—13 日		13—14 日	14 日以后
	生长率	−0.15	0.07	−0.30		0.12	−0.17
	日变化量/(μg/L)	0.14	0.14	0.45		0.12	0.45
	室内光加磷	8—9 日	9—11 日	11 日以后			
	生长率	−0.23	0.10	−0.12			
	日变化量/(μg/L)	0.21	0.23	0.56			
	室内光加氮、磷	8—13 日			13—16 日		16 日以后
	生长率	−0.15			0.01		−0.11
	日变化量/(μg/L)	0.52			0.03		0.20
	无光加氮、磷	8 日以后					
	生长率	−0.18					
	日变化量/(μg/L)	0.84					

表 4-10　第五组实验 BGA-PC 生长时期划分与生长情况量化(9 月)

实验组	项目	衰减期	生长期	衰减期	稳定期
第五组	自然光原湖水	8—9 日	9—11 日	11—15 日	15 日以后
	生长率	−0.35	0.60	−0.63	—
	日变化量/(μg/L)	1.05	2.91	1.93	0.06
	室内光原湖水		8—11 日	11—14 日	14 日以后
	生长率		0.23	−0.55	—
	日变化量/(μg/L)		1.271462	2.04	0.06
	室内光加氮		8—10 日	10—14 日	14 日以后
	生长率		0.38	−0.52	—
	日变化量/(μg/L)		2.14	1.77	0.05
	室内光加磷		8—10 日	10—14 日	14 日以后
	生长率		0.31	−0.54	—
	日变化量/(μg/L)		1.64	1.58	
	室内光加氮、磷		8—9 日	9—13 日	13 日以后
	生长率		0.79	−0.63	—
	日变化量/(μg/L)		4.27	1.80	0.05
	无光加氮、磷		8—9 日	9—13 日	13 日以后
	生长率		0.44	−0.64	—
	日变化量/(μg/L)		2.17	1.41	0.03

表 4-11　第六组实验 Chl-a 生长时期划分与生长情况量化 (9—10 月)

实验组	项目	生长阶段			
		增长期	剧减期	增长期	缓减波动期
第六组	自然光原湖水		9 月 25—29 日		9 月 29 日以后
	生长率		−0.28		−0.13
	日变化量/(µg/L)		2.86		0.36
	室内光原湖水	9 月 25—26 日	9 月 26 日至 10 月 3 日		10 月 3 日以后
	生长率	0.11	−0.11		−0.05
	日变化量/(µg/L)	1.99	1.47		0.32
	室内光加氮		9 月 25 日至 10 月 2 日		10 月 2 日以后
	生长率		−0.19		−0.10
	日变化量/(µg/L)		2.10		0.31
	室内光加磷	9 月 25—26 日	9 月 26 日至 10 月 4 日		10 月 4 日以后
	生长率	0.07	−0.26		−0.05
	日变化量/(µg/L)	1.32	2.08		0.10
	室内光加氮、磷	9 月 25—26 日	9 月 26 日至 10 月 2 日	10 月 2—3 日	10 月 3 日以后
	生长率	0.11	−0.36	0.66	−0.10
	日变化量/(µg/L)	2.58	3.68	2.63	0.34
	无光加氮、磷		9 月 25 日至 10 月 1 日		10 月 1 日以后
	生长率		−0.44		−0.03
	日变化量/(µg/L)		3.50		0.04

表 4-12　第六组实验 BGA-PC 生长时期划分与生长情况量化 (9—10 月)

实验组	项目	生长阶段						
		缓减期	缓增期	剧增期	缓增期	剧减期	缓减期	稳定期
第六组	自然光原湖水	9 月 25—29 日	9 月 29 日至 10 月 3 日	10 月 3—4 日		10 月 4—8 日		10 月 8 日以后
	生长率	−0.32	0.22	1.13		−0.99		
	日变化量/(µg/L)	0.60	0.32	2.09		1.69		
	室内光原湖水		9 月 25 日至 10 月 3 日	10 月 3—4 日	10 月 4—6 日		10 月 6 日以后	
	生长率		0.07	0.29	0.05		−0.16	
	日变化量/(µg/L)		0.33	2.02	0.39		0.47	

续表 4-12

实验组	项目	生长阶段						
		缓减期	缓增期	剧增期	缓增期	剧减期	缓减期	稳定期
第六组	室内光加氮		9月25—28日				9月28日以后	
	生长率		0.20				-0.20	
	日变化量/(µg/L)		0.89				0.38	
	室内光加磷		9月25—27日				9月27日至10月4日	10月4日以后
	生长率		0.21				-0.26	
	日变化量/(µg/L)		0.83				0.58	0.07
	室内光加氮、磷			9月25—26日		9月26—30日		9月30日以后
	生长率			0.44		-0.56		
	日变化量/(µg/L)			1.82		1.15		0.02
	无光加氮、磷			9月25—26日		9月26—30日		9月30日以后
	生长率			0.23		-0.56		
	日变化量/(µg/L)			0.88		0.96		0.02

由实验监测数据可以看出,第四组实验中 Chl-a 与 BGA-PC 变化趋势比较稳定,综合实验环境下的影响因子分析得知,三组实验产生差异的主要原因是各实验阶段天气与温度的变化,在第四组实验进行期间(8月31日至9月8日)天气状况良好,气温稳定,藻类培养实验过程监测数据相对稳定;第五组实验期间(9月8—18日)天气由晴转为阴雨,本组实验截止时天气依然处于阴雨状况,并且实验期间,温度由第一天的28.6 ℃持续下降,到实验的后几日降至23 ℃左右,此时所得到的实验结果与第四组实验相比有一定的区别;第六组实验是持续时间最长的一组实验(9月25日至10月13日),目的是比较完全地观察藻类从实验开始到最后消亡结束的整个过程,而实验前期与后期温度的变化对实验监测的结果产生了一定的影响,从图4-6可知,10月3—4日温度由26.4 ℃骤降到22.2 ℃。如图4-5(b)所示,温度的变化也对藻类生长产生一定程度的影响,在温度变化期间,自然光原湖水与室内光原湖水条件下 BGA-PC 浓度发生显著增长,而在原湖水中额外加入营养盐的水样则没有发生显著的变化,持续衰减或保持稳定,表明可能随着温度的降低,水体中营养盐浓度较低情况下更有利于藻类生长。

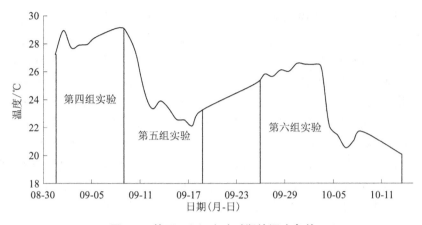

图 4-6　第四~六组实验时期的温度条件

根据第四组至第六组实验中藻类指标 Chl-a 变化趋势[见图 4-3(a)、图 4-4(a)、图 4-5(a)、表 4-7、表 4-9 和表 4-11]可知,三组实验中均为无光条件下叶绿素 a 浓度先衰减至最小值,分别为 1.30 μg/L、2.00 μg/L 和 1.05 μg/L,其衰减期间的日衰减量分别为 0.89 μg/L、0.84 μg/L 和 3.50 μg/L,表明无论温度在什么范围内变化,没有光照的情景,叶绿素 a 的生长状况最差,即光照对叶绿素 a 的生长起主要作用。对比三组实验中室内光加氮、磷情景下叶绿素 a 浓度变化可知,叶绿素 a 的日衰减量分别为 0.73 μg/L、0.52 μg/L 和 3.68 μg/L,均要大于水体中单独加入氮、磷的情景的日衰减量,表明若水体中氮、磷营养盐浓度均高于自然水体浓度值时,更有利于水体中叶绿素 a 的衰减。对比三组实验中分别加入氮、磷情景下叶绿素 a 的变化情况可知,虽然两种情景下叶绿素 a 浓度变化趋势比较类似,从整体实验观察可以看出,加入氮营养盐情景下叶绿素 a 浓度大部分情况均高于加入磷营养盐情景。三组实验中加入氮营养盐的情景叶绿素 a 最大日衰减量分别为 2.04 μg/L、2.77 μg/L 和 3.89 μg/L;加入磷营养盐最大日衰减量分别为 1.63 μg/L、2.89 μg/L 和 4.90 μg/L,但各组间藻类总体生长趋势却不太一致,故可根据后续贡献率计算确认两者中主导因素。

根据第四组至第六组实验中总藻类指标 BGA-PC 的变化趋势[见图 4-3(b)、图 4-4(b)、图 4-5(b)、表 4-8、表 4-10 和表 4-12]可知,第四组自然光原湖水样中 BGA-PC 浓度最先开始衰减,并从实验开始持续到 9 月 5 日,但在 9 月 5—8 日又出现 BGA-PC 含量升高的趋势,并在实验结束时其浓度最终增长至 5.58 μg/L,超过了无光情景(0.30 μg/L)和室内光加氮、磷营养盐(2.23 μg/L)的情景;结合后两组实验下 BGA-PC 浓度变化情况可知,三组实验中无光条件下 BGA-PC 的浓度率先衰减至较低值,分别为 0.30 μg/L、0.67 μg/L 和 0.26 μg/L,并在后续阶段基本保持稳定状态,说明无光条件下对藻类生长影响最大;此结果与叶绿素 a 浓度变化曲线趋势一致。对于藻类衰减阶段讨论可知,三组实验中室内光加氮、磷情景下藻类日衰减量分别为 0.83 μg/L、1.80 μg/L 和 1.15 μg/L,均大于室内光加氮营养盐情景(其日衰减量分别为 0.26 μg/L、1.77 μg/L 和 0.38 μg/L)和室内光加磷营养盐情景(其日衰减量分别为 0.26 μg/L、1.58 μg/L 和 0.58 μg/L),且在这三种情景对比中室内光加氮、磷营养盐情景最先出现衰减趋势,表明同时升高水体中氮、磷营养盐浓度对藻类生长的积极影响要弱于单独升高水体中氮或者磷营养盐浓度情景,此结果与叶绿素 a 的一致。对比不同氮、磷营养盐浓度条件下藻蓝蛋白变化情况,在第四组实验中,温度条件维持在 28 ℃,额外增加氮营养盐的水体藻蓝蛋白日增长量(1.53 μg/L)小于额外增加磷营养盐的水体藻蓝蛋白的日增长量(2.01 μg/L),且加入氮营养盐的水体中藻蓝蛋白增长时段较短,从 8 月 31 日到 9 月 2 日,48 h 内水体藻蓝蛋白浓度增长速率较快,但在之后的实验阶段内保持轻微波动,说明此情景下水体中的藻类含量已基本达到稳定状态,实验期间藻蓝蛋白最大含量为 11.55 μg/L;而水体中加入磷营养盐的情景中藻蓝蛋白含量从实验开始时(8 月 31 日)到 9 月 5 日以稳定的日增长量持续增长,直至达到最大值13.28 μg/L。在第五、六组实验中,实验期间温度条件出现一定的波动,两组实验过程中平均温度均为 24 ℃,观察第五、六组实验藻类含量变化曲线图,当实验起始温度相差较大时,加入氮营养盐的水体藻蓝蛋白增长持续时段、增长阶段日增长量(第五组和第六组分别为 2.14 μg/L 和 0.89 μg/L)或是藻蓝蛋白增长峰值(分别为 8.09 μg/L 和 5.99 μg/L),略优于加入磷营养盐的水体藻蓝蛋白变化趋势(其日增长量分别为 1.64 μg/L和0.83 μg/L,峰值分别为 7.12 μg/L 和 4.85 μg/L),表明在温度变化过程中氮营养盐对水体中藻蓝蛋白浓度的影响作用大于磷营养盐的。

4.3　不同光照条件下藻类生长趋势分析

4.3.1　不同光照条件下 Chl-a 生长趋势

图 4-7 为不同光照条件下 Chl-a 浓度变化。对比自然光与室内光条件下水体中叶绿素 a 浓度变化过程[见图 4-7(a)、(c)、(e)],除图 4-7(c)外,其他均表明室内光条件下水体中的叶绿素 a 浓度大于自然光条件,且室内光条件下叶绿素 a 变化波动较小。从图 4-7(a)、(e)中可知,室内光条件下叶绿素 a 始终大于自然光条件,其中室内光条件下的叶绿素 a 浓度变化相对于自然光条件比较稳定。图 4-7(a)中叶绿素 a 在实验开始时缓慢上升后转变为缓慢衰减,过程平缓,且从开始到实验结束时叶绿素 a 含量从 11.36 μg/L 下降到 7.39 μg/L,衰减程度为 35.0%,总体平均日衰减量为 0.44 μg/L,其中最大日生长量和衰减量分别为 0.72 μg/L 和 1.15 μg/L;室外自然光条件下叶绿素 a 总衰减率为46.3%,总体平均日衰减量为 0.66 μg/L,其中最大日生长量和衰减量分别为 1.66 μg/L 和 3.70 μg/L。在图 4-7(c)中出现了与图 4-7(a)、(e)情况不同的现象,其原因可能是室内光比较稳定且可以根据实验要求控制相应的时长,受外界干扰因素少,受到的影响也相对较少;与室内光相比,室外自然光具有不稳定性,容易受天气状况的影响,阴雨天和晴天的光照强度具有较大差别,且室外条件水体受外界影响因素干扰程度较大,这些都可能是导致室外自然光条件下水体中叶绿素 a 生长状况弱于室内光条件下的原因。

无光加氮、磷营养盐和室内光加氮、磷营养盐的情景[见图 4-7(b)、(d)、(f)],三组实验的共同点为室内光加营养盐情景中叶绿素 a 的生长状况优于无光加营养盐条件,其中第四组实验两种情景差异最大,而第六组实验两种情景的趋势已经具有很高的相似性,表明温度的变化对水体中的叶绿素 a 生长具有一定程度的影响。三组实验中叶绿素 a 浓度发生了显著的变化,显然第四组叶绿素 a 生长状况最佳,第五组为过滤阶段,实验中两种情景叶绿素 a 均从实验初期便开始衰减,而第六组实验则更具显著性,直接在实验初期叶绿素 a 剧烈衰减到一定程度后,保持稳定。第四组无光加营养盐条件叶绿素 a 稳定衰减,其日平均衰减量为 1.26 μg/L,最大日衰减量为2.29 μg/L,总衰减率达到 88.6%;室内光加营养盐条件下叶绿素 a 日均增长量和衰减量分别为 0.50 μg/L和2.38 μg/L,其最大日增长量和衰减量分别为 1.10 μg/L 和2.48 μg/L,总浓度变化率为68.2%,远小于无光条件下藻类衰减率。第五组实验中无光加营养盐条件下叶绿素 a 日均衰减量为 1.04 μg/L,日最大衰减量为 3.84 μg/L,总衰减率为 83.8%;室内光加营养盐条件下叶绿素 a 日均衰减量为 0.70 μg/L,日最大衰减量为 2.78 μg/L,总衰减率为60.2%,第四、五组实验衰减结果类似。第六组实验可以分成剧减期和稳定期,实验期间室内光加营养盐条件下叶绿素 a 的含量偶尔出现上升情况,但实验最终仍为室内光加营养盐条件下叶绿素 a 的浓度大于无光加营养盐条件。结合三组实验可以看到无光加营养盐条件下叶绿素 a 浓度没有出现增长波动,表明即使水体中营养盐充足,在没有光照条件下叶绿素 a 也无法实现增长。

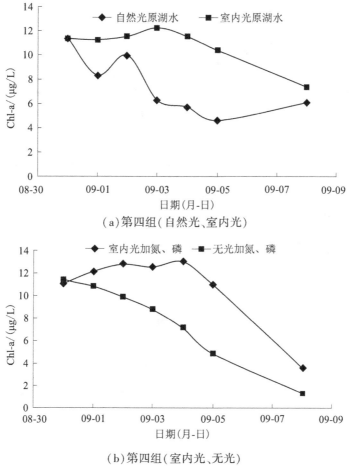

图 4-7　不同光照条件下 Chl-a 浓度变化

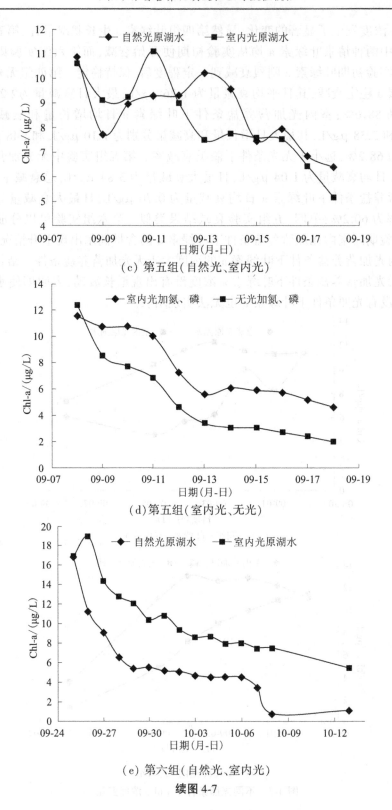

（c）第五组（自然光、室内光）

（d）第五组（室内光、无光）

（e）第六组（自然光、室内光）

续图 4-7

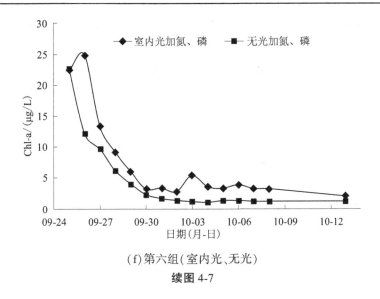

(f)第六组(室内光、无光)

续图 4-7

4.3.2　不同光照强度下 BGA-PC 的变化趋势

BGA-PC 是代表水体中藻类总含量的指标,根据不同光照条件下 BGA-PC 浓度变化曲线(见图 4-8),实验中藻类总量从生长到衰减过程的变化周期为 5~9 d,而在个别情况下,可能因为某些因素的影响会延长水体中藻类生长衰减的周期[见图 4-8(a)、(e)],实验藻类生长周期划分按照浮游植物浓度从增长到衰减截至稳定之前来确定。

分析自然光与室内光条件对比下水体中藻类含量的变化情况,观察图 4-8(a)、(c)、(e)中两种情景的变化趋势,藻类含量浓度变化趋势与图 4-7 中相应的叶绿素 a 浓度变化具有一定程度的相似性,如图 4-8(a)、(e)中室内光条件下的藻类指标数量大于自然光情况,而图 4-8(c)中则出现两种情景下藻类指标含量优势交替变化。三组实验中室外自然光条件下藻蓝蛋白的变化趋势共同点为浓度先衰减后上升,其中第五组实验[见图 4-8(c)]中藻蓝蛋白首次衰减时段最短,仅为 1 d,另外其整体变化周期也是最短。对比室内光与自然光条件下藻蓝蛋白变化趋势[见图 4-8(a)],室内光条件下藻蓝蛋白浓度先上升后稳定,其日均增长量为 1.67 μg/L,最大日增长量为 2.57 μg/L,藻蓝蛋白总的变化率为 168.8%;自然光条件下藻类生长变化周期小于室内光条件[见图 4-8(c)],其中自然光条件下藻蓝蛋白日均增长量和日均衰减量分别为 2.91 μg/L 和 1.79 μg/L,最大日增长量和日衰减量分别为 3.88 μg/L 和 3.64 μg/L,周期为 6 d;室内光条件下藻蓝蛋白日均增长量和日均衰减量分别为 1.27 μg/L 和 2.04 μg/L,最大日增长量和日衰减量分别为2.12 μg/L 和 2.48 μg/L,周期为 6 d。室内光条件下藻蓝蛋白浓度从实验开始一直处于增长阶段[见图 4-8(e)],10 月 6 日达到峰值后开始衰减,藻蓝蛋白变化过程中日均增长量和日均衰减量分别为 0.49 μg/L 和 0.47 μg/L,其最大日增长量和最大日衰减量分别为 2.02 μg/L 和 0.52 μg/L,实验结束时藻蓝蛋白浓度增长了 62.1%;自然光条件下藻蓝蛋白浓度实验开始时缓慢减少,并在 9 月 29 日时达到谷值再开始周期变化,在 10 月 4 日达到峰值,而后衰减,其中藻蓝蛋白变化过程中日均增长量和日均衰减量分别为 1.19 μg/L 和 1.69 μg/L,其最大日增长量和最大日衰减量分别为 4.67 μg/L 和3.01 μg/L,实验结束时藻蓝蛋白浓度变化率衰减了96.5%。由此可知,在一般情况下,室内光条件下藻类生长状况优于自然光条件下的藻类生长状况。

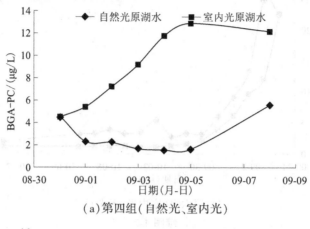

(a)第四组(自然光、室内光)

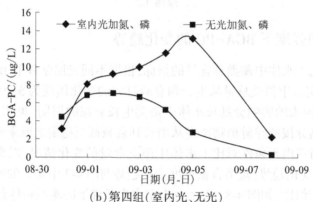

(b)第四组(室内光、无光)

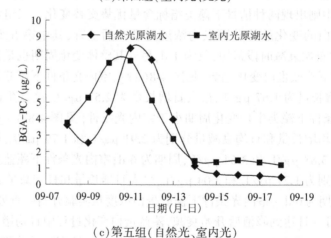

(c)第五组(自然光、室内光)

图4-8　不同光照条件下 BGA-PC 浓度变化

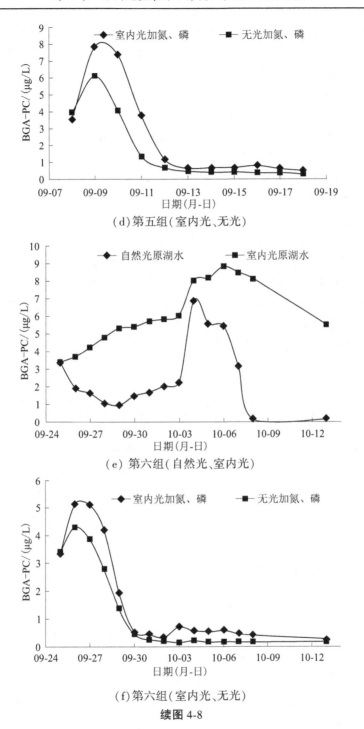

(d)第五组(室内光、无光)

(e)第六组(自然光、室内光)

(f)第六组(室内光、无光)

续图4-8

　　分析三组实验中加入营养盐后水体在无光和室内光条件下藻蓝蛋白的变化趋势[见图4-8(b)、(d)、(f)],第五、六组实验中的这两种情景藻类周期变化比较类似,而第四组实验中藻类生长周期显著较长,可能是由温度变化引起的,第四组实验期间温度持续在28 ℃左右,而第五、六组实验期间温度平均值约为24 ℃。在实验中室内光加营养盐条件下三组实验藻蓝蛋白的平均日增长量分别为 2.01 μg/L、4.27 μg/L 和 1.82 μg/L,平均日衰减量分别为 3.65 μg/L、2.21 μg/L 和 1.15 μg/L,最大日增长量分别为 4.97 μg/L、4.27 μg/L 和 1.82 μg/L,最大日衰减量分别为 3.64 μg/L、3.57 μg/L 和 2.27 μg/L,藻蓝蛋白峰值分别为 13.17 μg/L、7.83 μg/L 和 5.51 μg/L,初始值到峰值的变化率分别为 220.87%、120.15% 和 54.89%;无光加营养盐条件下三组实验藻蓝蛋白的平均日增长量分别为 1.28 μg/L、2.17 μg/L 和 0.88 μg/L,平均日衰减量分别为 1.13 μg/L、1.81 μg/L 和 0.96 μg/L,最大日增长量分别为 2.32 μg/L、2.17 μg/L 和 0.88 μg/L,最大衰减量分别为 2.46 μg/L、2.71 μg/L 和 1.41 μg/L,藻蓝蛋白峰值分别为 7.07 μg/L、6.11 μg/L 和 4.30 μg/L,初始值到峰值的变化率分别为 51.53%、55.02% 和 25.76%。三组实验中室内光加氮、磷条件下藻类生长率均大于无光加氮、磷条件。

综上所述,虽然叶绿素 a 与藻蓝蛋白的变化趋势不一致,但叶绿素 a 与藻蓝蛋白在同一种情景具有相同的优势。如在多数情景下,室内光条件下水体中的叶绿素 a 与藻蓝蛋白浓度要高于室外自然光情景下的浓度;对比高营养盐水体中叶绿素 a 与藻蓝蛋白在无光和室内光条件下的变化情景可知,无光条件下的两种藻类指标浓度始终小于室内光条件;由此可知水体中藻类生长与光照强度并非成正比,即从光照条件开始随着光照的增强,对水体中的藻类生长起到促进作用,而当光照强度超过一定程度后,再随着光照的增强,藻类在水体中生长的适应性开始降低。

4.4　不同营养盐条件下藻类生长趋势分析

水体中氮和磷营养盐的差异是影响藻类生长的重要因素。实验除改变光照条件外,根据水体中氮磷比的不同,通过增加水体中氮营养盐和磷营养盐的含量,观察水体中藻类生长的变化情况,并对其生长趋势进行分析。开展的三组重复实验中包含的四种不同营养盐情景,分别是原湖水,原湖水加氮营养盐,原湖水加磷营养盐以及原湖水加氮、磷混合营养盐。

4.4.1　不同营养盐条件下第四组实验藻类生长趋势

对第四组实验的藻类生长趋势进行分析,具体如图 4-9 所示。对比第四组实验中四种情景的叶绿素 a 浓度变化趋势[见图 4-9(a)]可知,生长阶段期间,水体中加氮营养盐条件下叶绿素 a 在增长阶段最大日增长量为 1.31 μg/L,2 d 生长时段,最大叶绿素 a 含量为 13.34 μg/L,对比最初浓度,其含量变化值为 2.43 μg/L,变化率为 22.3%;加入氮、磷营养盐条件下,水体中叶绿素 a 的最大日增长量为 1.10 μg/L,总体增长时段为 4 d,最大叶绿素 a 含量为 13.04 μg/L,与最初浓度对比,其含量变化值为 1.99 μg/L,增长变化率为 18.0%;加入磷营养盐后水体中的叶绿素 a 浓度变化小于原湖水条件,其中原湖水条件下叶绿素 a 浓度稳定 2 d 后略显增长,其最大叶绿素 a 含量为 12.27 μg/L,初始值与最大值差值仅为 0.90 μg/L,变化率为 7.9%;原湖水加磷营养盐条件下的叶绿素 a 浓度前期略显下降并在 4 d 后快速衰减。对比叶绿素 a 的衰减过程可知,室内光原湖水条件与室内光加磷营养盐条件下的叶绿素 a 变化最小,其峰值与最终值之差分别为 4.88 μg/L、

5.21 μg/L,衰减变化率分别为39.8%、45.6%,最大日衰减量分别为1.15 μg/L、1.63 μg/L。室内光加氮营养盐条件下的叶绿素 a 浓度衰减大于前两种情况,其峰值与最终值之差、衰减变化率和日最大衰减量分别为 7.89 μg/L、59.1%和 2.41 μg/L。室内光加氮、磷营养盐条件下的叶绿素 a 变化程度最大,其峰值与最终值之差、衰减变化率和日最大衰减量分别为 9.53 μg/L、73.1%和 2.48 μg/L。

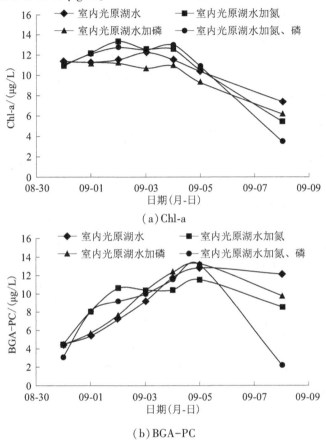

（a）Chl-a

（b）BGA-PC

图 4-9　第四组实验藻类指标变化趋势

对比第四组实验中四种情景藻蓝蛋白的变化趋势[见图 4-9(b)]可知,室内光加氮营养盐和室内光加氮、磷营养盐条件下的藻蓝蛋白初始增长速率较大,而室内光加磷营养盐条件与室内光原湖水条件下的藻蓝蛋白浓度比较接近,表明改变水体中氮含量或者共同改变氮、磷含量都会对藻类生长趋势产生影响。在仅增加水体中氮含量的情况下,水体中藻蓝蛋白含量前期增加较快,但增长时段较短,仅为 2 d,这与此情景中叶绿素 a 含量变化相一致,实验后期基本持续稳定,藻蓝蛋白日最大增长量为 3.65 μg/L,浓度最大值为 11.55 μg/L,初值与峰值之差为 7.07 μg/L,变化率为 157.8%。水体中加入氮、磷营养盐后,前期藻蓝蛋白含量变化与水体中加入磷营养盐相似,中期与室内光原湖水及室内光加磷营养盐条件相似,其日最大增长量为 4.97 μg/L,藻蓝蛋白浓度最大值为 13.17 μg/L,初值与峰值之差为 10.05 μg/L,变化率为 322.1%。室内光原湖水与室内光加磷营养盐条件下藻蓝蛋白的日最大增长量分别为 2.56 μg/L 和 2.68 μg/L,藻蓝蛋白浓度最大值分别为 12.85 μg/L 和 13.28 μg/L,初值与峰值之差分别为

8.33 μg/L、8.87 μg/L,增长变化率分别为184.29%和201.13%。9月5日后室内光原湖水条件下藻蓝蛋白含量基本保持稳定,其峰值与最终值之差仅为0.70 μg/L,衰减变化率只有0.05%;而室内光加氮、磷营养盐条件下藻蓝蛋白浓度衰减最快,峰值与最终值之差为10.95 μg/L,衰减变化率为83.1%;室内光加氮营养盐与室内光加磷营养盐两种情景相似,峰值与最终值之差分别为2.98 μg/L 和3.51 μg/L,衰减变化率分别为25.8%和26.4%。

综上所述,原湖水情景下藻类生长状态比较稳定,增长和衰减量较小,而水体中加入额外营养盐后会加剧藻类的生长和衰减过程。增加氮营养盐,即氮磷比较大,磷浓度较小时对藻类生长促进作用显著;增加磷营养盐减小氮磷比时,对水体藻类生长影响衰减过程大于增长过程。而若只增加水体营养盐浓度,保持氮磷比不变的情况下,水体中藻类生长和衰减均与原湖水情况下差异最大。

4.4.2 不同营养盐条件下第五组实验藻类生长趋势

对比第五组实验中四种情景的叶绿素 a 浓度变化趋势[见图 4-10(a)]可知,前 4 天内,加入氮、磷营养盐的水体中藻类指标浓度略显减少,其余三种情景变化相似,为先减少后增加。在实验后续过程中(9 月 11 日以后),室内光原湖水情景下叶绿素 a 衰减变化趋势较小,最终浓度值最大,其日平均衰减量、日最大衰减量和最终浓度值分别为0.85 μg/L、2.14 μg/L 和5.14 μg/L,在第五组实验中,其始终浓度差与变化率分别为5.46 μg/L和51.5%。室内光加氮营养盐和室内光加磷营养盐条件下水体中叶绿素 a 变化自9 月 11 日后开始持续衰减,衰减过程中,前者的波动程度要大于后者,两者的平均日衰减量分别为1.12 μg/L 和 0.87 μg/L,日最大衰减量分别为 2.77 μg/L 和 2.89 μg/L,整个实验过程中叶绿素 a 的始终浓度差分别为8.06 μg/L和 6.37 μg/L,浓度变化率分别为68.8%和56.6%。室内光加氮、磷营养盐条件下,叶绿素 a 浓度基本上一直保持衰减,其日平均衰减量、日最大衰减量和最终浓度值分别为0.70 μg/L、2.78 μg/L 和 4.60 μg/L,始终浓度差与变化率分别为 6.97 μg/L 和 60.2%。

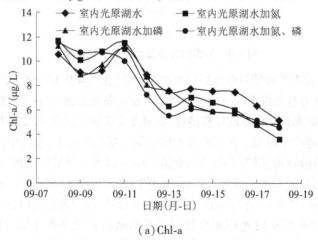

(a)Chl-a

图 4-10　第五组实验藻类指标变化趋势

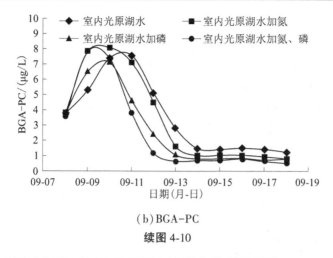

（b）BGA-PC

续图 4-10

根据第五组实验中四种情景的藻蓝蛋白浓度变化趋势［图 4-10（b）］可知，与第四组实验对比，在第五组实验中藻蓝蛋白浓度的变化周期较短，其中室内光原湖水情景下的藻蓝蛋白浓度生长周期最长，约为 6 d，藻蓝蛋白浓度峰值出现在第四天；而室内光加氮、磷营养盐条件下藻蓝蛋白浓度变化周期最小，约为 4 d，藻蓝蛋白浓度峰值出现在第二天；其他两种情景藻类生长衰减周期约为 5 d，藻蓝蛋白峰值均出现在第三天。相对于原湖水情景，加入营养盐的三种实验情景均出现藻类增长量增加，但增长持续时段较短，其中原湖水加氮营养盐和原湖水加磷营养盐条件下藻蓝蛋白增长时段为 2 d，衰减时段为 3 d，其最大日增长量分别为 4.05 μg/L 和 2.65 μg/L，日均增长量分别为 2.14 μg/L 和 1.64 μg/L，峰值分别为 8.09 μg/L 和 7.13 μg/L，峰值与初始值之差分别为 4.29 μg/L 和 3.28 μg/L，藻蓝蛋白浓度增长率分别为 112.9% 和 85.2%，日最大衰减量分别为 2.90 μg/L 和 2.49 μg/L，峰值与衰减结束值之差分别为 6.48 μg/L 和 6.05 μg/L，衰减率分别为 80.1% 和 84.9%；室内光加氮、磷营养盐情景下藻蓝蛋白增长时段为 1 d，衰减时段 3 d，其增长量为 4.27 μg/L，峰值为 7.83 μg/L，峰值与初始值之差为 4.27 μg/L，藻蓝蛋白浓度增长率为 119.9%，峰值与衰减结束值之差为 6.64 μg/L，衰减率为 84.8%；室内光原湖水情景下藻蓝蛋白增长时段为 3 d，衰减时段为 3 d，其日最大增长量为 2.12 μg/L，峰值为 7.58 μg/L，峰值与初始值之差为 3.81 μg/L，藻蓝蛋白增长率为 101.1%，日最大衰减量为 2.48 μg/L，峰值与衰减结束值之差为 6.13 μg/L，衰减率为 80.9%。

综上所述，在第五组实验中原湖水情况下藻类的增长衰减量均小于原湖水加营养盐情景下的增长衰减量，其中室内光加氮情境下藻类含量变化量最大，其次是室内光加氮、磷情景，室内光加磷情景下藻类含量的变化量最小。

4.4.3　不同营养盐条件下第六组实验藻类生长趋势

将第六组实验［见图 4-11（a）］与第四、五组实验中叶绿素 a 变化结果对比可以发现，室内光原湖水情景下叶绿素 a 变化情况最稳定，在其他三种情景中室内光加氮、磷营养盐条件下叶绿素 a 变化最为显著，室内光加氮营养盐与室内光加磷营养盐条件下的叶绿素 a 变化比较相似。四种情景中室内光原湖水、室内光加磷与室内光加氮、磷营养盐情景在第一天至第二天的时间段内出现小幅度增长,后续基本上保持衰减。室内光加氮、磷营养盐条件下叶绿素 a 日最大衰减量为 11.55 μg/L,日平均衰减量为 1.44 μg/L,初始浓度差为20.25 μg/L,总衰减率为90.8%;室内光加氮营养盐与室内光加磷营养盐条件下的叶绿素 a 浓度变化差异较小,其最大衰减量分别为 3.89 μg/L 和4.90 μg/L,日平均衰减量分别为 1.30 μg/L 和1.15 μg/L,初始浓度差分别为 18.15 μg/L 和16.14 μg/L,总衰减率分别为91.4%和91.0%;室内光原湖水情景下的叶绿素 a 变化小于其他三种情景,其最大衰减量为4.54 μg/L,日平均衰减量为 0.82 μg/L,初始浓度差为 11.52 μg/L,总衰减率为68.0%。

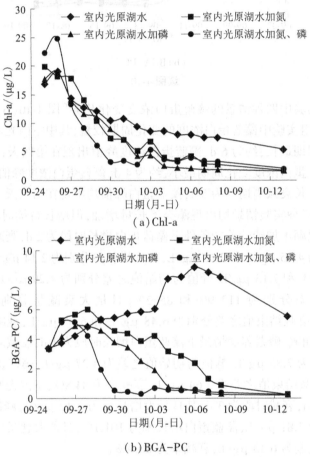

(a)Chl-a

(b)BGA-PC

图 4-11　第六组实验藻类指标变化趋势

　　整体上本组实验藻类生长周期大于其他两组,其中仍为室内光原湖水情景下藻蓝蛋白浓度最佳,生长周期最长,实验结束时藻类浓度仍大于初始浓度,即生长衰减周期大于18 d;其次是室内光加氮营养盐条件下藻蓝蛋白的生长周期,为 13 d;室内光加磷情景下藻蓝蛋白的生长周期为 9 d,四种情景中周期最小的为室内光加氮、磷营养盐情景,其生长周期仅为 6 d。室内光原湖水情景下藻蓝蛋白增长时段为 11 d,而后衰减,其日最大增长量为 2.02 μg/L,日平均增长量为 0.49 μg/L,峰值为 8.83 μg/L,最大日衰减量为0.52 μg/L,峰值与初始值之差为 5.43 μg/L,增长变化率为159.7%,峰值与末值差为3.31 μg/L,衰减变化率为37.5%;室内光加氮营养盐情景下藻蓝蛋白增长时段为 3 d,而后总体呈衰减趋势,其日最大增长量为 1.93 μg/L,日平均增长量为 0.49 μg/L,峰值为 5.99 μg/L,日最大衰减量为 0.52 μg/L,峰值与初始值之差为 2.66 μg/L,增长变化率为 79.7%,峰值与末值差为 5.70 μg/L,衰减变化率为 95.2%;室内光加磷营养盐情景下藻蓝蛋白增长时段为 2 d,而后呈衰减趋势,其日最大增长量为 0.95 μg/L,日平均增长量为 0.83 μg/L,峰值为 4.86 μg/L,日最大衰减量为 1.10 μg/L,峰值与初始值之差为 1.67 μg/L,变化率为 5.24%,峰值与末值差为 4.67 μg/L,衰减变化率为 96.1%;室内光原湖水情景下藻蓝蛋白增长时段为 1 d,而后衰减,其日增长量为 1.82 μg/L,峰值为 5.15 μg/L,日最大衰减量为 2.27 μg/L,变化率为 54.9%,峰值与末值差为 4.86 μg/L,衰减变化率为 94.4%。对比三组实验中叶绿素 a 的变化情况可知,室内光原湖水情景下的叶绿素 a 生长状况比较稳定,而额外添加营养盐后虽然会增加水体中叶绿素 a 的生长量,但也会改变叶绿素 a 在水体中生长的稳定性,基本情况为:单独加入氮营养盐的影响作用>加入氮、磷营养盐的影响作用>单独加入磷营养盐的影响作用。对比水体中藻类总量指标藻蓝蛋白的变化情况可知,结果仍为室内光原湖水情景下藻蓝蛋白的生长状况最为稳定,加入营养盐后水体中藻蓝蛋白浓度波动比自然水体情景下剧烈,其影响程度为单独加入氮营养盐作用>加入氮、磷营养盐影响作用>单独加入磷营养盐的影响作用。

第5章 水体环境驱动因子识别及富营养化评价

5.1 水环境变化过程及相互作用分析

5.1.1 水质变化规律分析

为了分析眉湖各监测断面水质污染物浓度的变化趋势,选择了5个监测断面及厚山水源取样点,由于受到实验现场条件和时间的限制,实验室检测指标在监测断面及取样点共进行了5次或3次取样,各监测断面污染物浓度变化情况如图5-1所示。

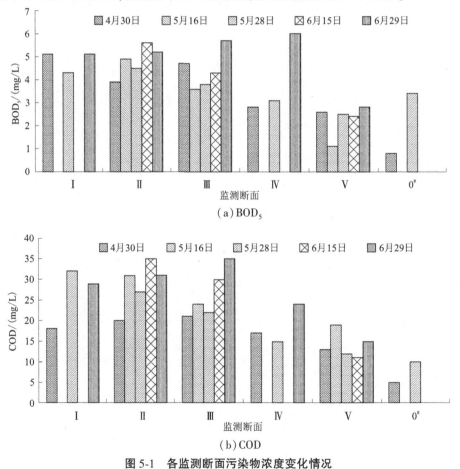

（a）BOD$_5$

（b）COD

图5-1 各监测断面污染物浓度变化情况

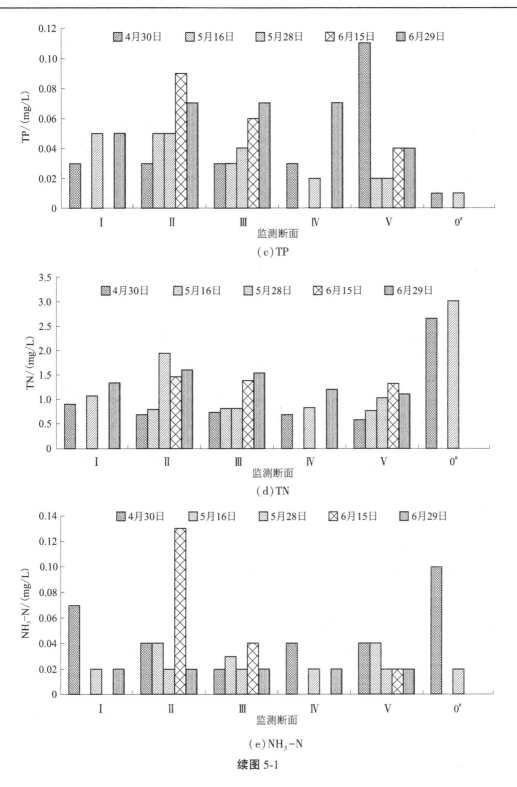

（c）TP

（d）TN

（e）NH$_3$-N

续图 5-1

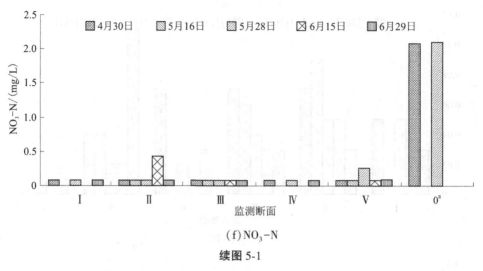

(f)NO$_3$-N

续图 5-1

从图 5-1 中可以看出,各监测断面的水质情况具有以下特点:BOD$_5$ 浓度在监测断面 Ⅰ、Ⅱ、Ⅲ 处于 Ⅲ~Ⅳ 类水水平,在监测断面 Ⅳ、Ⅴ 及取样点 0$^#$ 基本上处于 Ⅱ 类水水平及以下,而在 6 月 29 日监测断面 Ⅳ 的 BOD$_5$ 浓度达到了 Ⅳ 类水水平。COD 浓度在监测断面 Ⅰ、Ⅱ、Ⅲ 基本上处于 Ⅳ~Ⅴ 类水水平,在监测断面 Ⅳ、Ⅴ 和取样点 0$^#$ 处于 Ⅲ 类水水平及以下,而在 6 月 29 日监测断面 Ⅳ 的 COD 浓度达到了 Ⅳ 类水水平。TP 浓度在各监测断面及采样点基本上处于 Ⅱ~Ⅲ 类水水平,而在监测断面 Ⅱ、Ⅲ、Ⅳ、Ⅴ 的个别监测时间处于 Ⅳ 类水水平,甚至监测断面 Ⅴ 在 4 月 30 日 TP 浓度达到了 Ⅴ 类水水平。TN 浓度在各监测断面基本上处于 Ⅲ~Ⅳ 类水水平,而在 5 月 28 日监测断面 Ⅱ 的 TN 浓度达到了 Ⅴ 类水水平,取样点 0$^#$ 处的 TN 浓度达到了 Ⅴ 类水水平。NH$_3$-N 和 NO$_3$-N 浓度在各监测断面的浓度基本上都处于较好的水质状况。

从整体上来说,水体中的 BOD$_5$ 和 COD 浓度从监测断面 Ⅰ 到监测断面 Ⅴ 总体上呈下降趋势,而 TP、TN、NH$_3$-N 和 NO$_3$-N 浓度除个别监测时间外基本上在小范围内波动。监测断面 Ⅰ、Ⅱ、Ⅲ 处水体的水质状况较差,可能是监测断面 Ⅰ 处喷泉开启时对水体的扰动较大,使底泥中的污染物释放到水体中增大了水体污染物的浓度;监测断面 Ⅱ 处圈养了动物以及有大量的鱼类,其排泄物及外界投放食物和饵料使水体的污染物浓度增大;监测断面 Ⅲ 位于湖区中心,此处水体流动性较弱而增加了水体的污染程度。监测断面 Ⅳ、Ⅴ 和取样点 0$^#$ 处水体的水质状况相对较好,可能是监测断面 Ⅳ 和 Ⅴ 处存在大量的水生植物对水体起到了净化的作用所致;而取样点 0$^#$ 处于学校的厚山之上,受到的外界影响相对较少。

在对眉湖中各监测断面水体进行取样检测的同时,也对湖水表层水体的浊度、DO、EC、ORP、叶绿素 a 和 PYT 等指标进行了现场监测,各监测指标在不同监测断面随监测时间的变化情况如图 5-2 所示。

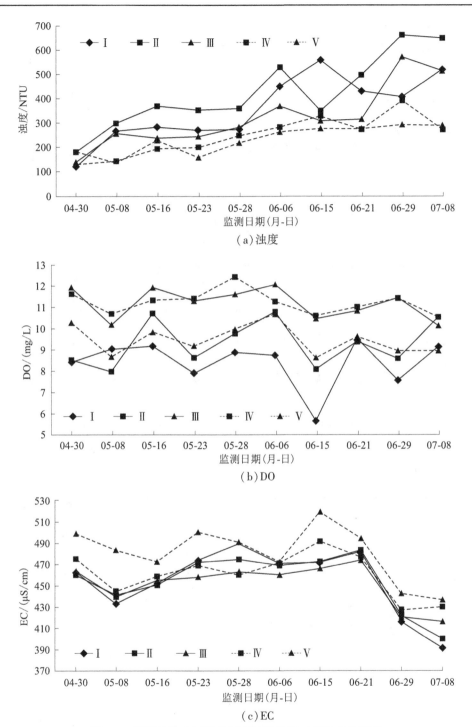

（a）浊度

（b）DO

（c）EC

图 5-2　监测指标在不同监测断面随监测时间的变化情况

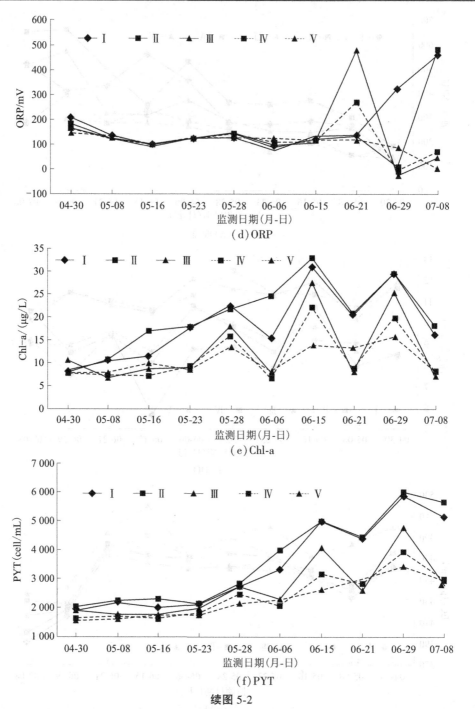

续图 5-2

从图 5-2 可以看出,在整体上各监测断面的浊度、叶绿素 a 含量和 PYT 含量随监测时间呈上升的趋势;DO、EC 和 ORP 的监测值在各监测断面随监测时间的变化规律基本一致,且在一定的范围内上下波动。

对于浊度,监测断面Ⅰ、Ⅱ、Ⅲ的浊度值比监测断面Ⅳ和Ⅴ的浊度值大,这可能是由于监测断面 I 处受到喷泉的影响较大,喷泉开启时底泥受到扰动增加了其浊度;监测断面 II 处由于外界投放食物及饵料使水体的悬浮物增加,进而增大了浊度值;监测断面 III 处的水体流动性较弱、循环性能比较差,使其水体浊度值增加;而监测断面 IV 和 V 处受到外界的影响相对较小,且水体中有大量的水生植物,其具有净化水体的作用,从而降低了其浊度值。

对于 DO,各监测断面的 DO 浓度基本上处于 I 类水水平,监测断面 III 和 IV 处的 DO 浓度值比监测断面 I、II、V 处的大,仅监测断面 I 处在 6 月 15 日监测时的 DO 浓度值呈现 III 类水水平。

水体电导率能够反映水体的导电性,从图 5-2(c)中可知,监测断面 V 处的水体导电性明显比其他监测断面的导电性强,而在 5 月 8 日和 6 月 29 日各监测断面的 EC 呈现明显的减弱趋势,这可能是由于在该监测时段雨水的影响所致。

ORP 反映了水体的氧化性和还原性,从图 5-2(d)可知,各监测断面的 ORP 在一定范围内上下波动,监测断面 III 和 IV 在 6 月 21 日出现较大的氧化性,并且在 6 月 29 日监测时呈现出了还原性,说明 6 月 29 日前的连续降雨对监测断面 III 和 IV 处的 ORP 影响较大。

对于叶绿素 a[见图 5-2(e)],根据富营养化状态标准划分(崔文连和王勇,1999),各监测断面的叶绿素 a 含量基本上都处于中富营养—富营养状态,而在 5 月中旬以后监测断面 I 和 II 处的叶绿素 a 含量达到了富营养状态,这可能是由于监测断面 I 和 II 处的营养物质和浊度相对较大使得叶绿素 a 含量增加;监测断面 III、IV、V 在部分监测时间叶绿素 a 含量也达到了富营养状态,这也与其相应监测时间营养物质浓度密切相关。

对于 PYT[见图 5-2(f)],其变化趋势和叶绿素 a 含量的变化趋势基本一致,说明二者具有较大的相互影响作用,但二者的波动大小存在差别;5 月各监测断面的 PYT 含量变化趋势平稳,6 月其变化趋势明显增大且呈上升趋势,而 6 月的污染物浓度整体比 5 月的高,说明污染物浓度较大时,在一定范围内对 PYT 的生长具有促进的作用;6 月 21 日各监测断面的 PYT 含量出现明显的下降趋势,这可能是因为前段时间雨水的原因使其含量下降且具有一定的滞后性;在进入 7 月时,各监测断面 PYT 呈现出下降的趋势。

5.1.2　底泥污染物变化特征分析

为了进一步分析小型人工湖泊底泥产生的影响以及底泥与水体的交换作用,实验于 5 月 16 日和 6 月 15 日对监测断面 II、III、V 进行了底泥取样,底泥中各监测断面污染物浓度变化情况如图 5-3 所示。

由图 5-3 可知,BOD_5、COD、TN 和 NH_3-N 浓度在监测断面 II 处呈下降的趋势,而 TP 浓度在监测断面 II 处略微增大,说明此处底泥对污染物进行了释放,增加了水体中 BOD_5、COD、TN 和 NH_3-N 的含量,这与图 5-1 水体中污染物浓度变化的情况基本一致。BOD_5、COD、TP、TN 和 NH_3-N 浓度在监测断面 III 处呈上升的趋势,这可能是由于监测断面 III 处的水体流动比较缓慢,水体中的悬浮物沉积使底泥中污染物增加所致。根据 6 月 15 日各监测断面检测指标浓度可知,BOD_5、COD、TN 和 NH_3-N 浓度在监测断面 II、III、V 处呈现先升高后下降的趋势,TP 浓度呈上升的趋势,说明水体中悬浮物沉积对底泥中污染物的影响作用相对较大;同时,各检测指标在监测断面 II 处的浓度基本上都小于监测断面 V 处的浓度,这是由于监测断面 V 处存在大量的水生植物,而水生植物的沉积物对底泥中污染物具有一定的影响作用。

NO_3-N 浓度在监测断面Ⅱ、Ⅲ、Ⅴ处都保持相对稳定的状态,说明 NO_3-N 受到的影响较小。

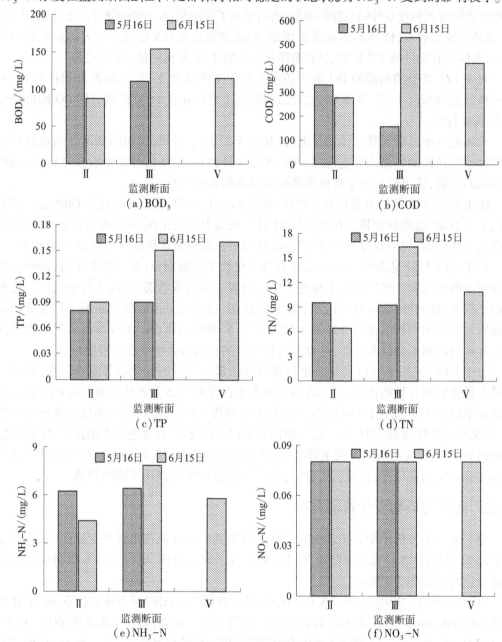

图 5-3 底泥中各监测断面污染物浓度变化情况

5.1.3 水质水动力影响因子相关性分析

为了分析各监测指标间的相互影响作用,通过相关分析得到各监测指标间的相关矩阵,如表 5-1 所示。可以看出部分监测指标间相关性的显著性在 $p<0.05$ 上较为明显,且其相关性也较大。

表 5-1　监测指标间的相关矩阵

指标	SD/cm	浊度/NTU	DO/(mg/L)	水温/℃	pH	EC/(μS/cm)	ORP/mV	Chl-a/(μg/L)	PYT/(cell/mL)	水深 H/m	流速 v/(cm/s)	COD/(mg/L)	BOD₅/(mg/L)	TP/(mg/L)	TN/(mg/L)	NH₃-N/(mg/L)	NO₃-N/(mg/L)	IL/klx
SD/cm	1																	
浊度/NTU	**-0.666**	1																
DO/(mg/L)	**0.476**	**-0.556**	1															
水温/℃	0.160	-0.256	0.332	1														
pH	-0.465	-0.238	**0.432**	-0.065	1													
EC/(μS/cm)	**0.431**	-0.024	-0.248	0.342	**-0.812**	1												
ORP/mV	0.066	**-0.436**	-0.134	0.253	0.141	0.065	1											
Chl-a/(μg/L)	**-0.785**	**0.808**	**-0.509**	-0.080	-0.120	0.069	-0.234	1										
PYT/(cell/mL)	**-0.763**	**0.787**	**-0.609**	-0.156	-0.185	0.055	-0.150	**0.958**	1									
水深 H/m	**0.650**	-0.199	0.274	**0.417**	**-0.474**	**0.593**	-0.182	-0.334	-0.375	1								
流速 v/(cm/s)	**0.430**	**-0.577**	0.033	-0.062	0.131	-0.017	**0.747**	**-0.481**	-0.386	-0.132	1							
COD/(mg/L)	**-0.536**	0.068	0.271	-0.251	**0.712**	**-0.572**	-0.256	**0.492**	0.440	-0.284	-0.237	1						
BOD₅/(mg/L)	**-0.552**	-0.173	0.222	-0.182	**0.724**	**-0.439**	0.192	0.114	0.057	**-0.487**	0.103	**0.751**	1					
TP/(mg/L)	**-0.401**	0.015	0.062	-0.028	0.026	0.148	-0.050	**0.460**	0.459	0.154	0.070	**0.476**	0.382	1				
TN/(mg/L)	**-0.575**	**0.652**	**-0.612**	-0.012	-0.329	0.265	-0.111	**0.718**	**0.633**	-0.330	-0.375	-0.286	-0.163	-0.263	1			
NH₃-N/(mg/L)	**-0.424**	**0.412**	**-0.616**	**-0.475**	-0.059	-0.083	0.130	**0.560**	**0.694**	-0.340	0.138	0.125	0.087	0.272	0.232	1		
NO₃-N/(mg/L)	**-0.415**	**0.546**	**-0.602**	-0.089	-0.345	0.197	-0.043	**0.553**	**0.513**	-0.340	-0.152	**-0.505**	-0.355	-0.372	**0.877**	0.313	1	
IL/klx	0.370	-0.180	0.139	0.089	0.243	-0.071	0.164	**0.902**	**0.842**	0.104	0.338	**-0.413**	-0.375	-0.367	-0.107	0.261	0.336	1

注:加粗字体表示相关性在 $p<0.05$ 上显著相关。

对于 SD，其与浊度、DO、pH、EC、Chl-a、PYT、H、v、COD、BOD_5、TP、TN、NH_3-N 和 NO_3-N 呈现显著的单相关性，且与浊度、Chl-a、PYT、H、COD、BOD_5、TP 和 TN 具有较大的相关性，其单相关系数分别为 -0.666、-0.785、-0.763、0.650、-0.536、-0.552、-0.401 和 -0.575；与 DO、pH、EC、v、NH_3-N 和 NO_3-N 的相关性相对较小，其单相关系数分别为 0.476、-0.465、0.431、0.430、-0.424 和 -0.415。对于浊度，与 DO、ORP、Chl-a、PYT、v、TN、NH_3-N 和 NO_3-N 具有显著的相关性，且浊度与 DO、ORP 和 v 呈负相关关系，与其他因子呈正相关关系，而其与 DO、Chl-a、PYT、v、TN 和 NO_3-N 的相关性较大，分别为 -0.556、0.808、0.787、-0.577、0.652 和 0.546，这说明随着浊度的增大，DO 呈减小的趋势；随着流速的减小，浊度呈增加的趋势，即流速减小使水体更新的速度减缓，进而使浊度增大；随着浊度的增大，Chl-a、PYT、TN 和 NO_3-N 呈增大的趋势，即浊度的增大对 Chl-a 和 PYT 的生长具有一定的促进作用，同时在一定程度上提高了水体中氮的含量。对于 DO，与 Chl-a（-0.509）、PYT（-0.609）、TN（-0.612）、NH_3-N（-0.616）和 NO_3-N（-0.602）具有较大的显著相关性，且都呈现出负相关关系，说明随着 DO 的增大，Chl-a、PYT、TN、NH_3-N 和 NO_3-N 呈现减小的趋势，即 DO 的增大对 Chl-a 和 PYT 的生长具有一定的抑制作用，且在一定程度上降低了水体中氮的含量。

水温与 H 和 NH_3-N 具有显著相关性，但相关性较小，与 H 呈正相关关系，与 NH_3-N 呈负相关关系，说明水温增加对 NH_3-N 的降解具有促进作用。pH 与 EC、COD 和 BOD_5 具有较大的显著相关性，其相关系数分别为 -0.812、0.712 和 0.724，且 pH 与 EC 呈负相关关系，与 COD 和 BOD_5 呈正相关关系；说明随着 pH 的增大，电导率呈减小的趋势，COD 和 BOD_5 呈增大的趋势。EC 与 H、COD 和 BOD_5 具有显著的相关性，相关系数分别为 0.593、-0.572 和 -0.439，且与 H 呈正相关关系，与 COD 和 BOD_5 呈负相关关系。说明随着水深的增大，电导率呈增大的趋势，而随着电导率的增大，COD 和 BOD_5 呈减小的趋势。ORP 与 v 呈现出较大的显著相关性，其相关系数为 0.747，且为正相关，即随着流速的增大，ORP 呈增大的趋势。

对于 Chl-a，与 PYT、v、COD、TP、TN、NH_3-N 和 NO_3-N 具有显著的相关性，相关系数分别为 0.958、-0.481、0.492、0.460、0.718、0.560 和 0.553，其与流速呈负相关关系且相关性相对较小，与其他水质影响因子呈正相关关系且相关性较大；说明随着流速的减小，Chl-a 呈增大的趋势，即流速减小使水体更新的速度减缓，进而促进 Chl-a 的增加；随着 TN、NH_3-N 和 NO_3-N 的增大，Chl-a 呈增大的趋势，即水体中氮含量的增加在一定程度上促进了 Chl-a 的增加。PYT 与 TN（0.633）、NH_3-N（0.694）和 NO_3-N（0.513）具有较大的显著相关性，且都呈正相关关系，说明随着 TN、NH_3-N 和 NO_3-N 的增大，PYT 呈增大的趋势，即水体中氮含量的增加在一定程度上促进了 PYT 的生长。水深与 BOD_5 呈显著负相关关系，说明随着水深的增大，BOD_5 呈减小的趋势。COD 与 BOD_5、TP 和 NO_3-N 显著相关，相关系数分别为 0.751、0.476 和 -0.505，且与 NO_3-N 呈负相关；说明随着 COD 的增加，BOD_5 和 TP 呈增大的趋势，而 NO_3-N 呈减小的趋势。TN 和 NO_3-N 具有显著的正相关性，其相关系数为 0.877，说明水体中不同形式的氮之间具有一定的相互影响的作用。光照强度 IL 与 Chl-a、PYT 和 COD 呈现显著的相关性，相关系数分别为 0.902、0.842 和 -0.413，说明随着光照强度的增加，对 Chl-a 和 PYT 具有一定的促进作用，同时对 COD 具有促进其转化的作用。

5.2　水环境驱动因子识别

影响水体富营养化限制因子比较复杂,为了分析小型人工湖水体富营养化限制因子,本次研究以实验为基础,首先利用主成分和主因子分析的方法选出影响眉湖水环境的主要水环境因子,其次结合相关学者的研究,分析影响眉湖水体富营养化限制因子间的相互关系,从而得到影响眉湖水体富营养化的主要限制因子。

5.2.1　水环境因子影响分析

5.2.1.1　主成分和主因子分析

主成分分析是将多个变量通过线性以选出较少个数重要变量的一种多元统计分析方法。主成分分析的思想是将原来众多具有一定相关性的变量,重新组合成一组新的相互无关的综合指标来代替原来的指标。而主因子分析方法是主成分分析法的推广和发展,它是将具有错综复杂的关系变量综合为数量较少的几个因子,再根据不同因子对变量进行分类,同时塑造原始变量与因子之间的相互关系。

主成分分析的数学模型如下:

$$\left. \begin{array}{l} Z_1 = \mu_{11}X_1 + \mu_{12}X_2 + \cdots + \mu_{1p}X_p \\ Z_2 = \mu_{21}X_1 + \mu_{22}X_2 + \cdots + \mu_{2p}X_p \\ \vdots \\ Z_p = \mu_{p1}X_1 + \mu_{p2}X_2 + \cdots + \mu_{pp}X_p \end{array} \right\} \tag{5-1}$$

其中,$Z_1, Z_2, \cdots, Z_p$ 为 p 个主成分。

另外,在进行主成分分析时,则应对其做 KMO 与 Bartlett 球形度检验。KMO 统计量用于比较变量间简单相关系数矩阵和偏相关系数的指标,KMO 值为 0~1,越接近 1 表示越适合做此分析,即表明所有变量之间简单相关系数平方和远大于偏相关系数的平方和,越适合做因子分析。KMO 的检验标准一般为:KMO ≥ 0.9,非常适合;0.8 ≤ KMO < 0.9,适合;0.7 ≤ KMO < 0.8,一般;0.6 ≤ KMO < 0.7,不太适合,但 Bartlett 球形度检验的原假设是以相关系数矩阵为单位阵,如果 Sig.值拒绝原假设表示变量之间存在相关关系,则适合做此分析;0.5 ≤ KMO < 0.6,不适合;KMO < 0.5,极不适合。

5.2.1.2　水环境因子的主成分分析

对眉湖水环境因子进行主成分分析可知,其 KMO 为 0.653,而 Bartlett 球形度检验给出的相伴概率为 0,小于显著性水平 0.05,可认为其适合做主成分分析。在主成分分析中,一般通过特征值来确定主成分个数,因此由主成分分析得到各主成分的解释总方差(见表 5-2),可知在第 6 个特征值之后特征值都小于 1,而前 5 个特征值都大于 1,故将影响因子提取出来 5 个主成分。5 个主成分解释了 89.621% 的原始数据信息和方差,与原始的影响因子相比,主成分比每一个单独的影响因子都含有更多的信息,因此可以降低影响因子的维度。

表 5-2 各主成分的解释总方差

主成分	初始特征值			主成分	初始特征值		
	合计	方差/%	累积/%		合计	方差/%	累积/%
1	5.445	36.303	36.303	9	0.165	1.100	98.403
2	3.706	24.707	61.010	10	0.106	0.710	99.113
3	1.572	10.483	71.493	11	0.064	0.426	99.539
4	1.421	9.476	80.969	12	0.035	0.231	99.770
5	1.298	8.652	89.621	13	0.023	0.154	99.924
6	0.541	3.607	93.228	14	0.009	0.059	99.983
7	0.351	2.341	95.569	15	0.003	0.017	100.000
8	0.260	1.734	97.303				

　　而成分荷载是每个主成分的线性组合,表达了原始变量与主成分之间的相关性。成分荷载可以用于确定一个变量相对的重要性,但不能反映出主成分自己的重要性。水环境因子的 5 个主成分的荷载量如图 5-4 所示。

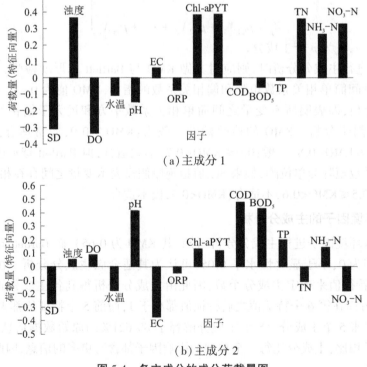

(a) 主成分 1

(b) 主成分 2

图 5-4 各主成分的成分荷载量图

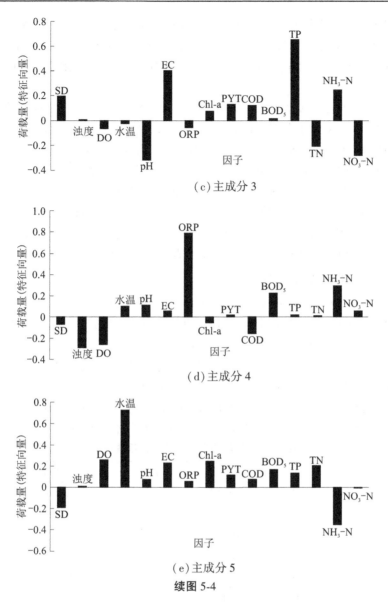

（c）主成分 3

（d）主成分 4

（e）主成分 5

续图 5-4

由表 5-2 和图 5-4 可知,主成分 1 解释的总方差为 36.303%,对主成分 1 有积极影响和主要贡献的因子主要有浊度、Chl-a、PYT、TN、NH_3-N 和 NO_3-N,对主成分 1 有消极影响和主要贡献的因子有 SD 和 DO;而水温、pH、ORP、COD、BOD_5 和 TP 的成分荷载量比较小,因此它们对主成分 1 的影响作用较小,且呈现消极的影响作用;EC 的成分荷载量也比较小,且呈现积极的影响作用。

主成分 2 解释的总方差为 24.707%,对主成分 2 有积极影响和主要贡献的因子主要有 pH、COD 和 BOD_5,对主成分 2 有消极影响和主要贡献的因子有 SD 和 EC;而浊度、DO、Chl-a、PYT、TP 和 NH_3-N 的成分荷载量比较小,因此它们对主成分 2 的影响作用较小,且呈现积极的影响作用;水温、ORP 和 TN 的成分荷载量也比较小,且呈现消极的影响作用。

主成分 3 解释的总方差为 10.483%,对主成分 3 有积极影响和主要贡献的因子主要有 EC、TP 和 NH_3-N,对主成分 3 有消极影响和主要贡献的因子有 pH 和 NO_3-N;而浊度、DO、水温、ORP 和 TN 的成分荷载量比较小,因此它们对主成分 3 的影响作用较小,且呈现消极的影响作用;SD、Chl-a、PYT、COD 和 BOD_5 的成分荷载量也比较小,且呈现积极的影响作用。

主成分 4 解释的总方差为 9.476%,对主成分 4 有积极影响和主要贡献的因子主要有 ORP 和 NH_3-N,对主成分 4 有消极影响和主要贡献的因子有浊度和 DO;而水温、pH、EC、PYT、BOD_5、TP、TN 和 NO_3-N 的成分荷载量比较小,因此它们对主成分 4 的影响作用较小,且呈现积极的影响作用;SD、Chl-a 和 COD 的成分荷载量也比较小,且呈现消极的影响作用。主成分 5 解释的总方差为 8.652%,对主成分 5 有积极影响和主要贡献的因子主要有 DO、水温和 Chl-a,对主成分 5 有消极影响和主要贡献的因子有 NH_3-N;而 SD 和 NO_3-N 的成分荷载量比较小,因此它们对主成分 5 的影响作用较小,且呈现消极的影响作用;浊度、pH、EC、ORP、PYT、COD、BOD_5、TP 和 TN 的成分荷载量也比较小,且呈现积极的影响作用。

5.2.1.3 影响水环境主要因子分析

从图 5-4 中可以看出,对于水环境因子的 5 个主成分,其大部分的影响因子都具有较大的积极或消极的影响,但对各个主成分有重要影响作用的具体影响因子还不是很清晰,因此需要对水质影响因子做进一步的主因子分析。

对影响水环境的因子做主因子分析,得到 5 个主要水环境因子旋转的相关系数矩阵,如表 5-3 所示,这 5 个主因子的解释总方差为 89.621%,其余的因子只有较小的解释总方差和较低的相关系数。根据相关的研究,水质影响因子相关系数的绝对值大于 80% 时,可以将其作为影响水环境的主要因子,可以用来作为评估水环境标准的参数。

表 5-3 水环境因子旋转的相关系数矩阵

指标	因子 1	因子 2	因子 3	因子 4	因子 5
SD/cm	−0.837	−0.451	0.020	0.086	−0.037
浊度/NTU	0.788	−0.076	−0.036	−0.225	−0.363
DO/(mg/L)	−0.603	0.330	0.103	0.497	−0.212
水温/℃	−0.051	−0.187	0.020	0.804	0.189
pH	−0.134	0.975	−0.009	0.078	0.113
EC/(μS/cm)	0.084	−0.825	0.205	0.249	0.123
ORP/mV	−0.120	0.028	−0.032	0.043	0.990
Chl-a/(μg/L)	0.966	0.023	0.198	−0.041	−0.109
PYT/(cell/mL)	0.904	−0.032	0.205	−0.219	−0.026
COD/(mg/L)	0.045	0.815	0.540	−0.076	−0.252
BOD_5/(mg/L)	0.043	0.725	0.388	−0.002	0.185
TP/(mg/L)	0.010	0.031	0.828	−0.06	−0.005
TN/(mg/L)	0.828	−0.335	−0.324	0.044	0.004
NH_3-N/(mg/L)	0.472	−0.008	0.253	−0.676	0.213
NO_3-N/(mg/L)	0.675	−0.304	−0.490	−0.120	0.059

由表 5-3 可知,影响眉湖水环境状况的主要因子有 SD、水温、pH、EC、ORP、Chl-a、PYT、COD、TP 和 TN,且 SD 和 EC 呈现消极的影响,而其他的主要水环境因子呈现出积极的影响。

5.2.2　水体富营养化限制因子分析

影响眉湖水环境的主要因子有 SD、水温、pH、EC、ORP、Chl-a、PYT、COD、TP 和 TN。其中,Chl-a 和 PYT 反映了水体富营养化程度,其中 Chl-a 是植物进行光合作用的重要色素,它与 PYT 的含量是相互影响的,同时光照强度也是影响 Chl-a 进行光合作用的限制因素。在湖泊水体富营养化评价中,一般将 Chl-a 作为重要的评价指标(舒金华,1993)。为了分析眉湖水体富营养化的限制因子,选用 Chl-a 和 PYT 作为体现眉湖水体富营养化程度的重要指标,分析其与其他环境因子间的关系。

5.2.2.1　Chl-a 与各环境因子的影响分析

Chl-a 是藻类进行光合作用的重要因素,而其他环境因子又是影响 Chl-a 含量的主要因素,为了分析眉湖 Chl-a 与藻类和环境因子间的相互关系,根据实验监测数据得到Chl-a 与藻类和环境因子的相互关系,如图 5-5 和图 5-6 所示。

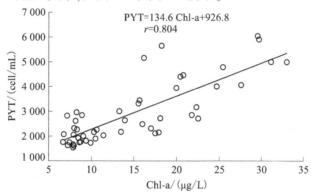

图 5-5　Chl-a 与 PYT 间的关系

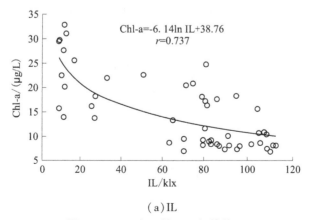

(a) IL

图 5-6　Chl-a 与环境因子间的关系

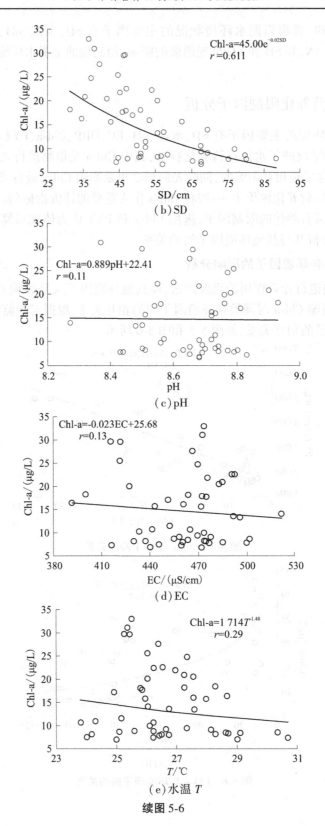

(b) SD

(c) pH

(d) EC

(e) 水温 T

续图 5-6

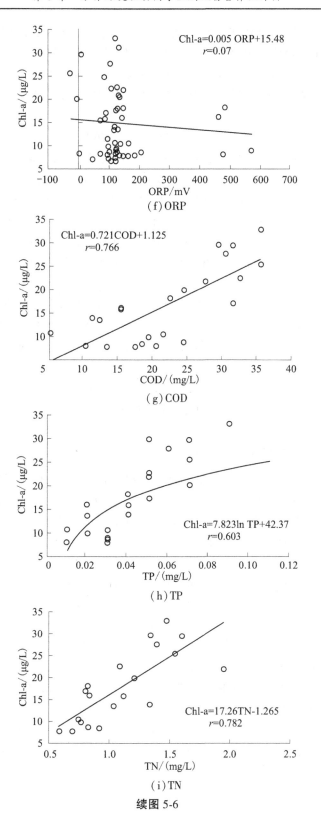

（f）ORP

（g）COD

（h）TP

（i）TN

续图 5-6

由表 5-1 可知,Chl-a 和 PYT 的相关系数为 0.958,且呈显著的正相关,说明眉湖水体中的 Chl-a 和 PYT 有极强的相关性,二者间的相互影响作用较大。由图 5-5 可知,Chl-a 和 PYT 的线性拟合度较大,其拟合度达到了 0.804,二者的线性方程如式(5-2)所示,可以看出,随着 Chl-a 的增大,PYT 呈现上升趋势,即水体中 Chl-a 含量的增加有利于藻类的生长。

$$PYT = 134.6Chl\text{-}a + 926.8 \tag{5-2}$$

由表 5-1 可知,Chl-a 与环境因子 IL、SD、pH、EC、水温、ORP、COD、TP 以及 TN 的相关系数分别为 0.902、−0.785、−0.120、0.069、−0.080、−0.234、0.492、0.460 和 0.718,Chl-a 与 IL 和 SD 呈现显著负相关,且相关性相对较大,说明随着光照强度和 SD 的增大,水体中的 Chl-a 含量呈减小的趋势。Chl-a 与 COD、TP 和 TN 呈现较大的正相关性,且与 TN 显著相关,说明随着 COD、TP 和 TN 浓度的增加,水体中的 Chl-a 含量呈现增加的趋势。而 Chl-a 与 pH、EC、水温以及 ORP 的相关性相对较小,说明 Chl-a 含量的变化受到 pH、EC、水温和 ORP 的影响较小。

根据 Chl-a 与各环境因子间的关系(见图 5-6)可知,Chl-a 与光照强度和 TP 的对数函数的拟合度较好,拟合度分别为 0.737 和 0.603;Chl-a 与 SD 的指数函数的拟合度较好,拟合度为 0.611;Chl-a 与 COD 和 TN 的线性拟合较好,拟合度分别达到了 0.766 和 0.782;而 Chl-a 与 pH、EC、水温和 ORP 的拟合方程的拟合度相对较小,拟合度分别为 0.11、0.13、0.29 和 0.07。这说明 Chl-a 与 IL、SD、COD、TP 和 TN 的关系密切,而与 pH、EC、水温和 ORP 的关系密切性较小,故选择 IL、SD、COD、TP 和 TN 作为影响 Chl-a 含量的主要环境因子。

5.2.2.2　PYT 与各环境因子的影响分析

由表 5-1 可知,PYT 与环境因子 IL、SD、pH、EC、水温、ORP、COD、TP 及 TN 的相关系数分别为 0.842、−0.763、−0.185、0.055、−0.156、−0.150、0.440、0.459 和 0.633,PYT 与 IL 呈现显著正相关性,与 SD 呈现显著负相关性,且相关性相对较大,说明随着 IL 的增大,水体中的 PYT 含量呈增加的趋势;随着 SD 的增大,水体中的 PYT 含量呈减少的趋势。PYT 与 COD、TP 和 TN 呈现较大的正相关性,且与 TN 显著相关,说明随着 COD、TP 和 TN 浓度的增加,水体中的 PYT 含量呈现增加的趋势,即 TP 和 TN 浓度的增加在一定程度上会促进 PYT 的生长。而 PYT 与 pH、EC、水温以及 ORP 的相关性相对较小,说明 PYT 含量的变化受到 pH、EC、水温和 ORP 的影响作用较小。

根据 PYT 与各环境因子间的关系(见图 5-7)可知,PYT 与 IL、SD 和 TN 的幂函数的拟合度较好,拟合度分别为 0.587、0.781 和 0.811;PYT 与 COD 的线性拟合度较好,拟合度达到了 0.625;PYT 与 TP 的对数函数的拟合度较好,拟合度为 0.518;而 PYT 与 pH、EC、水温和 ORP 的拟合方程的拟合度相对较小,拟合度分别为 0.195、0.448、0.195 和 0.167,说明 PYT 与 IL、SD、COD、TP 和 TN 的关系密切,而与 pH、EC、水温和 ORP 的关系密切性较小,因此选择 IL、SD、COD、TP 和 TN 作为影响 PYT 含量的主要环境因子。

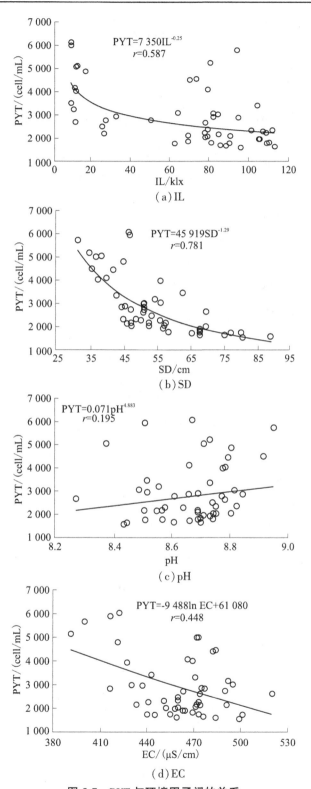

图 5-7　PYT 与环境因子间的关系

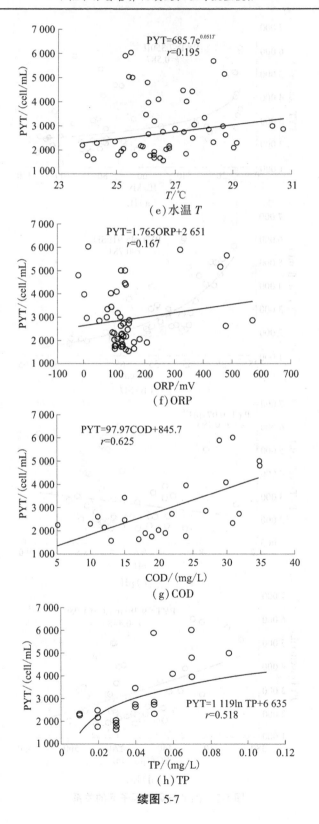

(e) 水温 T

(f) ORP

(g) COD

(h) TP

续图 5-7

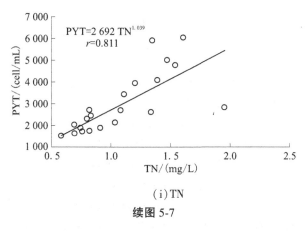

（i）TN

续图 5-7

结合以上分析可知，环境因子 IL、SD、COD、TP 和 TN 为影响 Chl-a 和 PYT 的主要环境因子，而 Chl-a 是直接反映 PYT 的因素，因此将水环境因子 Chl-a、SD、COD、TP 和 TN 作为影响眉湖水体富营养化的主要限制因子。

5.3　水体富营养化程度评价

水体富营养化评价是对水体某一阶段营养状况的定量描述，主要是通过对具有富营养化状态的指标进行调查分析，判断该水体的营养状态，了解富营养化进程并预测发展趋势，为水体富营养化防治工作提供一定的依据。将选择出的影响眉湖水体富营养化的主要限制因子作为评价水体富营养化的指标，采用一定的水体富营养化评价方法对眉湖水体富营养化状态进行评价分析。

5.3.1　富营养化评价方法

目前关于水体富营养化评价的方法主要分为水质指标参数法、生物指标参数法、营养状态指数法、模糊数学法、灰色评价法和基于 BP 神经网络评价法，然而营养状态指数法一般是由一项或综合湖泊多项富营养化代表性的指标，对湖泊营养状态进行连续分级的方法，主要包含卡尔森营养状态指数、修正的营养状态指数、综合营养状态指数、营养度指数和评分法等方法。本书主要运用综合营养状态指数和评分法相结合的方法对眉湖水体富营养化状态进行评价。

5.3.1.1　综合营养状态指数法

综合营养状态指数的计算公式为

$$TLI = \sum_{j=1}^{n} W_j \times TLI(j) \tag{5-3}$$

式中：TLI 为综合状态指数；TLI(j) 为第 j 种指标的营养状态指数；W_j 为第 j 种指标的营养状态指数相关权重。

以 Chl-a 为基准参数，则第 j 种指标归一化的相关权重计算公式为

$$W_j = \frac{r_{ij}^2}{\sum\limits_{j=1}^{n} r_{ij}^2} \tag{5-4}$$

式中：r_{ij} 为第 j 种参数与基准指标 Chl-a 间的相关系数；n 为评价参数的个数。

各个指标营养状态指数计算公式为：

$$TLI(Chl\text{-}a) = 10 \times (2.5 + 1.086\ln Chl\text{-}a) \tag{5-5}$$

$$TLI(TP) = 10 \times (9.436 + 1.624\ln TP) \tag{5-6}$$

$$TLI(TN) = 10 \times (5.453 + 1.694\ln TN) \tag{5-7}$$

$$TLI(SD) = 10 \times (5.118 - 1.94\ln SD) \tag{5-8}$$

$$TLI(COD) = 10 \times (0.109 + 2.66\ln COD) \tag{5-9}$$

综合营养状态指数评价标准采用 0~100 分的一系列连续数字对湖泊水体营养状态进行分级，其具体的综合营养状态指数计算值的分级标准如表 5-4 所示。

表 5-4　综合营养状态指数计算值的分级标准

营养程度	综合营养状态指数 TLI
贫营养	TLI<30
中营养	30≤TLI≤50
富营养	TLI>50
轻度富营养	50<TLI≤60
中度富营养	60<TLI≤70
重度富营养	TLI>70

5.3.1.2　评分法

评分法主要是依据相关分析所选定的评价因子以及相应的评价标准，在 0~100 分的范围内分别给予各个评价指标相应的评分值。所得到的评分值越高，表明湖泊富营养化的程度就越严重。目前，我国湖泊各指标评分值及相应的营养状态分级标准如表 5-5 所示。

表 5-5　我国湖泊各指标评分值及相应的营养状态分级标准

营养程度	评分值	Chl-a/（μg/L）	TP/（mg/L）	TN/（mg/L）	COD/（mg/L）	SD/cm
贫营养≤	10	0.5	0.001	0.02	0.15	1 000
	20	1	0.002 5	0.03	0.3	800
中营养≤	30	2	0.005	0.05	0.4	500
	40	4	0.025	0.3	2	150
	50	10	0.05	0.5	4	100
轻度富营养≤	60	26	0.1	0.8	8	50
中度富营养≤	70	65	0.2	2	10	40
重度富营养>	70	65	0.2	2	10	40
	80	160	0.6	6	25	30
	90	400	0.9	9	40	20
	100	1 000	1.3	14	60	12

湖泊富营养化评分值的计算公式为

$$M = \frac{1}{n} \sum_{i=1}^{n} M_i \tag{5-10}$$

式中:M 为湖泊营养状态评分值;M_i 为第 i 个评价指标的评分值;n 为评价指标的个数。

根据评价指标的监测值 x_i,由表 5-5 确定 x_i 所处的分级区间,通过式(5-11)和式(5-12)计算指标对应的评分值 M_i。

对于 Chl-a、TN、TP 和 COD 指标有:

$$M_i = y_{lb} + 10 \frac{x_i - x_{lb}}{x_{ub} - x_{lb}} \tag{5-11}$$

对于 SD 指标有:

$$M_i = y_{ub} + 10 \frac{x_i - x_{ub}}{x_{lb} - x_{ub}} \tag{5-12}$$

式中:x_{ub} 为评价指标监测值所处区间的上限值;x_{lb} 为评价指标监测值所处区间的下限值(对于 SD 指标:$x_{lb} > x_{ub}$,对于 Chl-a、TN、TP 和 COD 指标:$x_{ub} > x_{lb}$);y_{lb} 为指标下限值对应的营养状态的分值;y_{ub} 为指标上限值对应的营养状态的分值。

5.3.2　富营养化评价结果分析

为了综合评价眉湖水体富营养化程度,主要选择 SD、Chl-a、TP、TN 和 COD 5 个监测指标进行分析,从而得到眉湖各个监测断面不同时间水体富营养化变化的特征。根据眉湖实验设计以及实际的实验监测数据,对于 SD 和 Chl-a,在 4—7 月对 5 个监测断面进行了 10 次的现场监测;对于 TP、TN 和 COD,在 4—7 月共进行了 5 次的取样检测,其中 4 月 30 日、5 月 28 日和 6 月 29 日对监测断面 Ⅰ、Ⅱ、Ⅲ、Ⅳ、Ⅴ 都进行了水体取样,而在 5 月 16 日和 6 月 15 日仅对监测断面 Ⅱ、Ⅲ、Ⅴ 进行了水体取样,因此本书选择指标监测数据较全的监测断面进行分析。

5.3.2.1　综合营养状态指数法评价

通过监测数据对 Chl-a 与其他指标 SD、TP、TN 和 COD 进行相关性分析得到各指标间的相关系数,并结合式(5-4)得到眉湖各评价指标的权重值,具体情况如表 5-6 所示。

表 5-6　眉湖 Chl-a 与其他指标的相关系数及各指标间的权重

指标	Chl-a/(μg/L)	TP/(mg/L)	TN/(mg/L)	COD/(mg/L)	SD/cm
r_{ij}	1	0.460	0.718	0.492	-0.785
r_{ij}^2	1	0.211 6	0.515 5	0.242 1	0.616 2
W_j	0.386 8	0.081 8	0.199 4	0.093 6	0.238 3

结合式(5-3)、式(5-5)~式(5-9),计算得到眉湖各个监测断面指标的综合营养状态指数及级别分类,如表 5-7 所示。

表 5-7　各个监测断面指标的综合营养状态指数及级别分类

监测时间（月-日）	监测断面	各监测指标的营养状态指数					综合营养状态指数	营养程度
		TLI (SD)	TLI (Chl-a)	TLI (COD)	TLI (TP)	TLI (TN)	TLI	
04-30	I	62.19	48.24	53.60	37.41	52.93	52.11	轻度富营养
	II	65.70	47.47	56.40	37.41	48.24	51.98	轻度富营养
	III	58.81	50.56	57.70	37.41	49.43	51.89	轻度富营养
	IV	56.76	47.34	52.08	37.41	48.24	49.39	中营养
	V	55.51	47.36	44.94	58.51	45.30	49.57	中营养
05-16	II	65.14	55.79	68.06	45.71	50.75	57.33	轻度富营养
	III	61.65	48.51	61.25	37.41	51.17	52.45	轻度富营养
	V	56.33	49.90	55.04	30.83	49.88	50.34	轻度富营养
05-28	I	65.83	58.81	68.91	45.71	55.83	59.76	轻度富营养
	II	66.54	58.47	64.39	45.71	65.84	61.37	中度富营养
	III	64.24	56.45	58.94	42.09	51.17	56.31	轻度富营养
	IV	63.39	55.11	48.75	30.83	51.37	53.75	轻度富营养
	V	61.98	53.27	42.82	30.83	55.03	52.88	轻度富营养
06-15	II	70.63	62.94	71.29	55.25	61.06	64.54	中度富营养
	III	69.10	61.03	67.19	48.67	60.11	62.33	中度富营养
	V	58.29	53.64	40.50	42.09	59.36	53.71	轻度富营养
06-29	I	65.95	61.80	66.29	45.71	59.49	61.43	中度富营养
	II	66.12	61.77	68.06	51.17	62.49	62.66	中度富营养
	III	66.80	60.15	71.29	51.17	61.84	62.38	中度富营养
	IV	62.53	57.52	61.25	51.17	57.62	58.56	轻度富营养
	V	60.36	54.93	48.75	42.09	56.30	54.86	轻度富营养

根据表 5-7 可知，除 4 月 30 日监测断面Ⅳ和Ⅴ的水体处于中营养状态外，其余监测时间各个监测断面都处于轻度富营养状态和中度富营养状态，这说明眉湖水体在实验监测时间段内基本上处于富营养状态。另外，在 5 月 28 日、6 月 15 日和 6 月 29 日分别有 1 个、2 个和 3 个监测断面的水体达到了中度富营养状态，说明随着时间的变化，眉湖水体的富营养化程度有所增大。

结合各监测断面综合营养状态指数变化情况（见图 5-8）可知，各个监测断面的综合营养状态指数基本上呈上升趋势，并且监测断面Ⅰ、Ⅱ、Ⅲ的综合营养状态指数整体上大于监测断面Ⅳ和Ⅴ的。监测断面Ⅱ的综合营养状态指数最大，监测断面Ⅴ的综合营养状态指数最小,这可能是由于各个监测断面所处的水环境状态不同,断面Ⅱ有大量的观赏鱼类和圈养的禽类,外界投放的饵料和食物是影响该监测断面水体富营养化的主要原因;在断面Ⅴ有大量的水生植物,这在一定程度上缓解了该监测断面水体富营养化的程度,因此监测断面Ⅴ的富营养化程度最低。

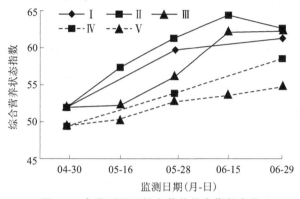

图 5-8　各监测断面综合营养状态指数变化

5.3.2.2　评分法评价

为了解眉湖水体富营养化程度,评分法也对 Chl-a、SD、TP、TN 和 COD 这 5 个监测指标进行评价分析,根据式(5-10)~式(5-12)以及表5-5,可以得到各个监测断面指标的营养状态评分值及级别分类,如表5-8 所示。

表 5-8　各监测断面指标的营养状态评分值及级别分类

监测时间（月-日）	监测断面	各项指标的评分值					营养状态评分指数值 M	营养程度
		M_{SD}	$M_{Chl\text{-}a}$	M_{COD}	M_{TP}	M_{TN}		
04-30	Ⅰ	51.34	47.50	55.00	42.00	60.92	51.35	轻度富营养
	Ⅱ	67.30	46.53	56.67	42.00	56.33	53.77	轻度富营养
	Ⅲ	53.50	50.33	57.50	42.00	58.00	52.27	轻度富营养
	Ⅳ	55.00	46.37	54.17	42.00	56.33	50.77	轻度富营养
	Ⅴ	56.00	46.40	50.83	61.00	52.67	53.38	轻度富营养
05-16	Ⅱ	68.70	54.39	70.22	50.00	60.00	60.66	中度富营养
	Ⅲ	51.66	47.85	60.00	42.00	60.17	52.34	轻度富营养
	Ⅴ	55.34	49.83	55.83	37.50	58.67	51.43	轻度富营养
05-28	Ⅰ	67.00	57.81	70.44	50.00	62.33	61.52	中度富营养
	Ⅱ	65.30	57.38	65.00	50.00	69.58	61.45	中度富营养
	Ⅲ	50.20	55.06	58.33	46.00	60.17	53.95	轻度富营养
	Ⅳ	50.66	53.75	52.50	37.50	60.25	50.93	轻度富营养
	Ⅴ	51.46	52.19	50.00	37.50	61.92	50.61	轻度富营养

续表 5-8

监测时间（月-日）	监测断面	各项指标的评分值					营养状态评分指数值 M	营养程度
		M_{SD}	M_{Chl-a}	M_{COD}	M_{TP}	M_{TN}		
06-15	Ⅱ	76.70	61.77	71.11	58.00	65.58	66.63	中度富营养
	Ⅲ	79.70	60.41	70.00	52.00	64.92	65.41	中度富营养
	Ⅴ	53.86	52.49	48.33	46.00	64.42	53.02	轻度富营养
06-29	Ⅰ	66.70	60.93	68.33	50.00	64.50	62.09	中度富营养
	Ⅱ	66.30	60.91	70.22	54.00	66.67	63.62	中度富营养
	Ⅲ	64.70	59.66	71.11	54.00	66.17	63.13	中度富营养
	Ⅳ	51.14	56.24	60.00	54.00	63.33	56.94	轻度富营养
	Ⅴ	52.46	53.58	52.50	46.00	62.58	53.42	轻度富营养

由表 5-8 可知,监测时间各监测断面都处于轻度富营养状态和中度富营养状态。5 个监测断面有 8 次水体呈现出中度富营养状态,占了 38.09%,说明眉湖水体达到了富营养化状态。结合各监测断面综合营养状态评分值变化情况(见图 5-9)可知,监测断面Ⅱ的营养状态评分值处于最高值状态,同时各监测断面的营养状态评分值波动交叉的情况较为明显。

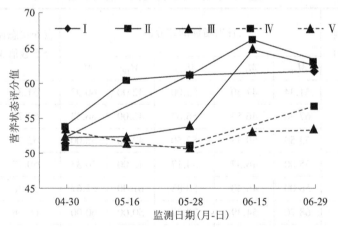

图 5-9　各监测断面综合营养状态评分值变化

5.3.2.3　两种富营养化评价法对比分析

为了更加准确地分析眉湖水体的富营养化程度,结合综合营养状态指数法和评分法分别对眉湖水体进行了评价,对两种评价方法结果的一致性进行分析,具体情况见表 5-9。

表 5-9　两种富营养化评价方法营养程度的一致性

监测时间（月-日）	监测断面	营养程度		一致性
		综合营养状态指数法	评分法	
04-30	I	轻度富营养	轻度富营养	一致
	II	轻度富营养	轻度富营养	一致
	III	轻度富营养	轻度富营养	一致
	IV	中营养	轻度富营养	不一致
	V	中营养	轻度富营养	不一致
05-16	II	轻度富营养	中度富营养	不一致
	III	轻度富营养	轻度富营养	一致
	V	轻度富营养	轻度富营养	一致
05-28	I	轻度富营养	中度富营养	不一致
	II	中度富营养	中度富营养	一致
	III	轻度富营养	轻度富营养	一致
	IV	轻度富营养	轻度富营养	一致
	V	轻度富营养	轻度富营养	一致
06-15	II	中度富营养	中度富营养	一致
	III	中度富营养	中度富营养	一致
	V	轻度富营养	轻度富营养	一致
06-29	I	中度富营养	中度富营养	一致
	II	中度富营养	中度富营养	一致
	III	中度富营养	中度富营养	一致
	IV	轻度富营养	轻度富营养	一致
	V	轻度富营养	轻度富营养	一致

　　从表 5-9 可知,仅有 4 月 30 日的监测断面Ⅳ和Ⅴ,5 月 16 日的监测断面Ⅱ以及 5 月 28 日的监测断面Ⅰ的水体富营养化评价结果不一致,其余监测时间的各个监测断面的富营养化评价都一致,说明用综合营养状态指数法和评分法对眉湖水体富营养化评价的结果基本一致,即眉湖水体在监测时间段内水体是富营养化状态。

第 6 章 基于 MIKE 21 的水体 富营养化数值模拟

本章主要是模型模拟条件下水体中藻类在不同光照和营养盐条件下的生长情况。实验模型运用 DHI MIKE Zero 平台的 MIKE 21 二维模型进行模拟,MIKE 21 是一个专业的工程软件,可以用于模拟河流、湖泊、河口、海湾、海岸,以及海洋的水流、浪沙、泥沙等环境。本章运用 MIKE 21 模型水动力模块以及水体富营养化模块,模拟眉湖水体的富营养化情况。

6.1 基于 MIKE 21 的二维水动力学模型构建

水动力模型是开展水体富营养化模拟的基础模型,要想准确模拟水体中藻类的生长状态,首先要构建准确的水动力模型,本节运用 MIKE 21 平面二维数学模型模拟眉湖水体的水动力情景。因为小型人工湖眉湖面积较小,水体的水动力条件比较简单,模型模拟涉及的影响因素较少,所以模型主要针对眉湖的水位变动情况和流速变化来进行模拟。

6.1.1 水动力模块原理

6.1.1.1 控制方程

模型水动力模块是基于 Reynolds 值均布的 Navier-Stokes 方程,并服从于 Boussinesq 假定和静水压力的假定。

二维非恒定浅水方程组为:

$$\frac{\partial h}{\partial t} + \frac{\partial h\bar{u}}{\partial x} + \frac{\partial h\bar{v}}{\partial y} = hS \tag{6-1}$$

$$\frac{\partial h\bar{u}}{\partial t} + \frac{\partial h\bar{u}^2}{\partial x} + \frac{\partial h\,\overline{vu}}{\partial y} = -gh\frac{\partial\eta}{\partial x} - \frac{h}{\rho_0}\frac{\partial p_a}{\partial x} - \frac{gh^2}{2\rho_0}\frac{\partial\rho}{\partial x} - \frac{\tau_{bx}}{\rho_0} +$$

$$\frac{\partial}{\partial x}(hT_{xx}) + \frac{\partial}{\partial y}(hT_{xy}) + hu_s S \tag{6-2}$$

$$\frac{\partial h\bar{v}}{\partial t} + \frac{\partial h\,\overline{vu}}{\partial x} + \frac{\partial h\bar{v}^2}{\partial y} = -gh\frac{\partial\eta}{\partial y} - \frac{h}{\rho_0}\frac{\partial p_a}{\partial y} - \frac{gh^2}{2\rho_0}\frac{\partial\rho}{\partial y} - \frac{\tau_{by}}{\rho_0} +$$

$$\frac{\partial}{\partial x}(hT_{xy}) + \frac{\partial}{\partial y}(hT_{yy}) + hv_s S \tag{6-3}$$

式中:x、y 为笛卡尔坐标;u、v 为 x、y 方向的速度分量,m/s;$\bar{u}$、$\bar{v}$ 为平均流速,m/s;η 为河底高程,m;h 为总水头,$h = \eta + d$,d 为静水深,m;g 为重力加速度,m/s^2;ρ 为水的密度,g/cm^3;p_a 为大气压强;S 为点源流量大小,m^3/s;u_s 为源汇项水流的流速,m/s;τ_{bx}、τ_{by} 为 x、y 方向上的底床摩擦应力。

侧向应力项 T_{ij} 包括黏滞摩擦、湍流摩擦、差异摩擦、差异平流,其值由基于水深平均的流速梯度的涡黏性公式估算:

$$T_{xx} = 2A\frac{\partial \overline{u}}{\partial x}, \quad T_{xy} = A\left(\frac{\partial \overline{u}}{\partial y} + \frac{\partial \overline{v}}{\partial x}\right), \quad T_{yy} = 2A\frac{\partial \overline{v}}{\partial y} \tag{6-4}$$

式中: A 为过水断面面积;其他字母含义同前。

6.1.1.2　模型参数的确定

模型运行的准确性与模型参数具有极大的相关性,要准确模拟区域的水动力条件,模型参数的选择至关重要。

1.干湿区

为避免过强浅水效应的影响,对过浅水域进行忽略处理,称为干湿区,模型中包含干湿区功能时可以选择"使用干湿区"选项,再进行干水深和湿水深的定义。由于本次模型区域水位较稳定,水域面积年内变化较小,因此不做干湿区处理。

2.科氏力

模型内"应用科氏力"选项是确定模型运行是否考虑科氏力,本次模型内选择的地图投影类型为"NON-UTM",运用此类型地图将不再考虑科氏力。

3.时间步长

模型模拟时间段为 2018 年 3 月 20 日至 7 月 23 日,时间步长设置为 6 h。

4.水动力参数

初始水位:为模型模拟开始时的水位,每个区域的初始水位可以使用常数,也可以从模型专有的数据文件中导入。

水流方向:水流方向与源汇项的设置具有较大联系,以源项为中心,水流向外扩散,并在汇项处聚集流出模拟区域。

5.源汇项

源点为外部水进入模型的点,汇点为模型内的水流出到外部的点,一个模型可以设置多个源汇点,模型中首先要确定源汇的总数量,本次模型共设有 3 个源点、2 个汇点,其位置如图 6-1 所示。

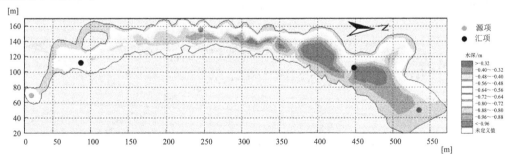

图 6-1　水动力模拟水流源汇项位置

6.涡黏系数

模型涡黏系数(E)使用 Smagorinsky 公式计算得出:

$$E = C_s^2 \Delta^2 \sqrt{\left(\frac{\partial u}{\partial x}\right)^2 + \frac{1}{2}\left(\frac{\partial u}{\partial y} + \frac{\partial v}{\partial x}\right) + \frac{\partial v}{\partial y}} \tag{6-5}$$

式中：u、v 为 x、y 方向上的流速分量；Δ 为网格间距；C_s 为常数，其值一般为 $0.25 \sim 1$。

7.湖底阻力

湖底阻力可以使用谢才系数（Chezy number）或曼宁系数（Manning number），所有区域都必须使用同一种值，两者关系为

$$C = M \times h^{1/6} \tag{6-6}$$

式中：C 为谢才系数；M 为曼宁系数；h 为水深。

8.风力条件

小型景观湖眉湖区域面积较小，且四周有建筑物与树木，故模型中不考虑风力条件的影响。

6.1.2 水动力模型构建

一般对河流、湖泊模拟需要确定模拟区域开边界的边界条件，开边界条件包括流量、水位与流速的变化。由于此次模拟的眉湖面积较小，且边界封闭，因此此次模型构建只设定陆地边界条件，确定眉湖中的水源入流点和出流点。模型构建首先根据模拟区域确定眉湖边界，生成计算网格，并根据测量数据设置模型中眉湖水体的湖底高程条件。

眉湖模拟区域绘制使用 MIKE Zreo 中的 Mesh Generator 非结构网格生成器，其具备生成、编辑网格，并定义边界条件的功能；模拟区域绘制包括工作区域的确定、陆地边界条件的编辑、定义计算域、边界光滑处理、计算网格生成、地形插值等。本模型将眉湖模拟区域图导入模块中作为绘图底图，设置绘制板块显示区域尺寸使其符合眉湖实际尺寸大小并进行模拟区域绘制，眉湖边界点位绘制太少可能会影响生成的计算网格，进而影响模型模拟精度，若绘制过多有可能会影响计算区域的均匀性以及模型运行速度，因此为确保模型正常运行，此次模拟绘制眉湖边界点位共计 242 点，划分为 242 段湖段。眉湖边界的绘制确定了本次模型模拟的具体区域，而后根据计算区域大小生成适合的计算网格，如图 6-2 所示。完成眉湖计算网格的绘制后，便需要导入眉湖地形，即将地形数据导入所绘制的眉湖计算网格图中。生成的眉湖地形图如图 6-3 所示。

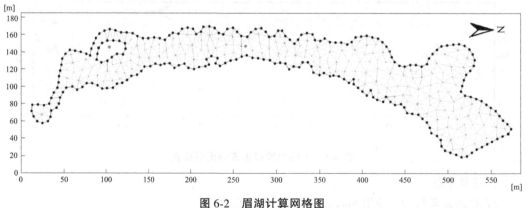

图 6-2　眉湖计算网格图

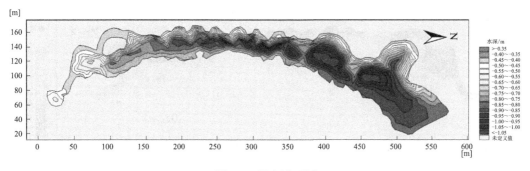

图 6-3　眉湖地形图

当完成上述工作后,将制作的眉湖地形图文件导入 MIKE 21 水动力模型中进行水动力模拟计算,然后根据已测数据计算与模拟数据对比,验证模型的准确性。

6.1.3　模型验证

将 2018 年监测的水深和流速等水动力条件作为对比数据,对水动力模型进行验证,其验证结果如下所述。

根据眉湖水深测量数据可知,眉湖水最深处约为 1.2 m。眉湖地形是以相对高程来确定的,即以眉湖水面为假设高程起点,其水位高程为 0,由于人工湖为小型湖泊,其水源主要来自眉湖北侧厚山上的蓄水池,水源稳定,若无强降雨情况,则水位保持稳定。另外,根据水位高程,确定眉湖湖底最深处高程约为 -1.2 m。水深与湖底高程相关,因此水深最大处约为 1.2 m。眉湖相对水位图如图 6-4 所示。

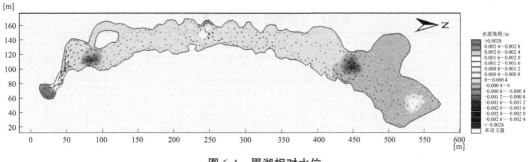

图 6-4　眉湖相对水位

在眉湖水动力模拟过程中,眉湖水位稳定,始终为图 6-4 的状态,证明模拟过程中水位状态稳定。其中,水位高程最大为 0.007 6 m,出现在眉湖南侧处,如图最左端深色斑块所示,水位高程最小为 -0.008 1 m,出现在眉湖两个汇项点,即图中其余两个深色斑块所示。

眉湖水深分布如图 6-5 所示,其中西侧较浅、东侧较深,西侧较浅是由于眉湖西侧为绿植树木,从西侧湖岸到湖内呈缓坡下降,故西侧水深因有坡度而较浅,眉湖东侧为人工修建的湖岸,湖岸与眉湖过渡处直接出现高程落差,不像西岸呈缓坡,因此湖内东岸的水深大于西岸的。水位条件的稳定性证明水深结果的稳定性,以此说明眉湖水动力模拟的确定性。通过对比实测水深与模拟水深数据可知(见表 6-1),误差最大出现在测点 D1 处,为 14.09%;误差最小出现在测点 D3 处,为 3.26%。

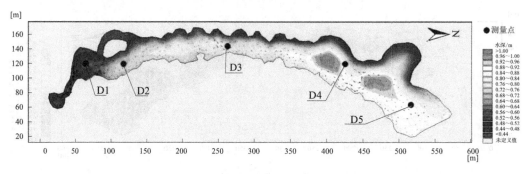

图 6-5　眉湖水深

表 6-1　实测水深与模拟水深对比

测点	水深/m		相对误差/%
	实测	模拟	
D1	0.71	0.61	14.09
D2	0.89	0.78	12.36
D3	0.92	0.89	3.26
D4	0.79	0.85	7.59
D5	0.98	0.92	6.12

除水深、水位条件外,流速也是判断模型准确性的一项重要指标。根据实测流速与模拟流速对比,来确定本次模拟眉湖水动力条件是否准确。眉湖测点处测定的流速为实测值,故将模拟值与实测值对比以判断其合理性(见表 6-2)。

表 6-2　实测流速与模拟流速对比

测点	流速/(cm/s)					
	实测值				模拟值	
	u		v		u	v
	最小值	最大值	最小值	最大值		
D1	−0.8	−2.2	−0.1	−0.7	−0.8	−0.4
D2	−0.8	−1.3	−0.4	−0.8	−0.7	−0.2
D3	0.9	1.9	−0.4	−0.7	1.2	−0.2
D4	−0.2	−0.6	−0.4	−1.1	−0.3	−0.7
D5	−0.1	−0.6	0.1	0.7	−0.5	0.2

注:表中"−"表示流速方向,不是数学概念中的负号。

由表 6-2 可知,模拟流速值与实测流速值虽有一部分偏差,但大多数情况下处于实测流速值范围内。模拟流速分布见图 6-6,其中测点 D2 与测点 D3 处的流速分量中,流速 u 的测定范围分别为[−0.8,−1.3]cm/s 和[0.9,1.9]cm/s,而模拟分量分别为−0.7 cm/s 和 1.2 cm/s,处于测量范围内或临近测量值,表明流速分量 u 值合理;两点处流速 v 稍小于测定值范围[−0.4,−0.8]cm/s 和[−0.4,−0.7]cm/s,均为−0.2 cm/s,虽然模拟流速分量与实测分量有偏差,但偏差不大,在可接受范围内。另外,因为其他三个测点的流速分量又均处于实测流速范围内,因此认为模型模拟的眉湖水动力状态符合实际水动力条件,将在此水动力模型条件下开展眉湖水体富营养化模拟。

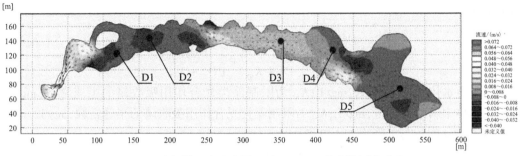

图 6-6　眉湖模拟流速分量 u(上)、v(下)分布及测点分布

6.2　水体富营养化模块构建原理

富营养化模块的构建主要依据 MIKE Zero 内置的 ECO Lab 中预定义的富营养化(EU)模块完成。它可以用来描述水中溶解氧状态、营养物循环、浮游植物和浮游动物的生长过程等。针对本次模拟需求,可修改模型内置模块,使模块设计符合本次模拟对象眉湖的水动力与水环境条件。富营养化模块的构建主干为状态变量的确定,然后根据确定的状态变量指定常数、设定作用力、设定辅助变量,以及指定计算过程和输出结果。

6.2.1　确定状态变量

状态变量的确定是开发模型的第一步,确定哪些状态变量与模型所描述的特定生态系统相关,状态变量代表了描述生态系统的变量与做实验模拟想要预测的系统状态。

富营养化模块状态变量主要为 Chl-a(Chl-a),以及围绕 Chl-a 生长变化过程确定的相关变量,包括考虑生物分解有机质所需要的生物需氧量(BOD),水体中的溶解氧(DO)浓度,对水体中浮游藻类生长起重要影响作用的氨氮(NH_3-N)、亚硝酸盐氮(NO_2-N)、硝酸盐氮(NO_3-N)、磷酸盐(PO_4^{3-})、总氮(TN)等指标变量。

6.2.2　模型方程确定

6.2.2.1　Chl-a 平衡方程

假设 Chl-a 与碳产量以及氧产量成正比,且 Chl-a 浓度与碳含量比例为常数,并考虑 Chl-a 的死亡与沉降,可得 Chl-a 的日变化量为

$$\frac{\mathrm{dCHL}}{\mathrm{d}t} = P_{\mathrm{CH}} - D_{\mathrm{CH}} - S_{\mathrm{CH}} \tag{6-7}$$

式中: P_{CH}、D_{CH}、S_{CH} 分别为水体中 Chl-a 的净生产率、死亡率和沉降率,mg/(L·d);

Chl-a 的净生产率为

$$P_{\mathrm{CH}} = (\mathrm{PH} - R_1 \cdot \theta_1^{T-20}) \cdot K_{11} \cdot F(N,P) \cdot K_{10} \tag{6-8}$$

式中:PH 为光合作用的实际产氧量,g/(m^2·d);R_1 为 20 ℃下光合作用的呼吸速率,

$g/(m^2 \cdot d)$;θ_1 为光合作用的温度系数,无量纲;T 为实际温度,℃;K_{10} 为 Chl-a 与碳的质量比,无量纲;K_{11} 为初级生产力的碳氧质量比,无量纲;$F(N,P)$ 为营养盐限制因子,其展开式如下:

$$F(N,P) = \cfrac{2}{\cfrac{IN}{IN + K_{SN}} + \cfrac{PO_4}{PO_4 + K_{SP}}} \tag{6-9}$$

式中:IN 为水体中总无机氮,mg/L;K_{SN} 为限制藻类光合作用吸收氮的半速常数,mg/L;PO_4 为水体中磷酸盐含量,mg/L;K_{SP} 为限制藻类光合作用吸收磷的半速常数,mg/L。

叶绿素 a 削减与沉降率如下式所示:

$$D_{CH} = K_8 \cdot CHL \tag{6-10}$$

$$S_{CH} = \frac{K_9}{H} \cdot CHL \tag{6-11}$$

式中:K_8 为叶绿素 a 的削减率,d^{-1};K_9 为叶绿素 a 的沉降率 m/d;H 为水深,m。

水体中叶绿素 a 的变化影响条件主要考虑水体中的氮、磷营养物以及光照条件对水体中藻类的影响,其中氮营养盐状态主要以水体中的氨态氮、硝态氮为主,磷营养盐主要以磷酸盐为主。

6.2.2.2 氨氮平衡方程

氨氮平衡方程主要包含 BOD 衰减过程中氨氮的释放、硝化过程中转化为硝酸盐时氨氮的减少,以及浮游藻类对氨氮的吸收。其平衡方程如下:

$$\frac{dNH_3}{dt} = NH_{BOD} - NH_{NO} - NH_{PL} \tag{6-12}$$

$$NH_{BOD} = Y_b \cdot K_3 \cdot BOD \cdot \theta_3^{T-20} \tag{6-13}$$

$$NH_{NO} = K_4 \cdot NH_3 \cdot \theta_4^{T-20} \tag{6-14}$$

$$NH_{PL} = UN_{PL} \cdot (PH - R_1 \cdot \theta_1^{T-20}) \cdot F(N,P) \tag{6-15}$$

式中:NH_{BOD} 为生物降解有机物产生的 NH_3,mg;NH_{NO} 为氨氮硝化作用消耗的 NH_3,mg;NH_{PL} 为浮游植物吸收的 NH_3,mg;Y_b 为消耗每毫克 BOD 产生 NH_3 的比例系数,无量纲;K_3 为有机物降解系数,d^{-1};θ_3 为有机物降解的温度系数,无量纲;K_4 为 20 ℃时硝化速率,d^{-1};θ_4 为硝化过程的温度系数,无量纲;UN_{PL} 为植物消耗氧含量与吸收氮的比值,无量纲;其他字母含义同前。

6.2.2.3 硝酸盐氮平衡方程

模型中硝酸盐的来源主要考虑氨氮硝化转变的硝酸盐,以及反硝化作用时硝酸盐的消耗,其表达式如下:

$$\frac{dNO_3}{dt} = N_{NH_3} - N_d \tag{6-16}$$

$$N_{NH_3} = K_4 \cdot NH_3 \cdot \theta_4^{T-20} \cdot \frac{DO}{DO + K_{SD}} \tag{6-17}$$

$$N_d = K_5 \cdot NO_3 \cdot \theta_5^{T-20} \tag{6-18}$$

式中:N_{NH_3} 为氨氮硝化作用转化为硝酸盐氮的量,mg;N_d 为反硝化作用消耗的硝酸盐氮,mg; K_{SD} 为硝化作用的半速常数,mg/L;K_5 为反硝化系数,d^{-1};θ_5 为反硝化反应的温度系数,无量纲。

6.2.2.4　磷酸盐平衡方程

磷酸盐平衡方程主要考虑削减过程中产生的磷酸盐,以及浮游藻类生长对水体中磷酸盐的消耗,其表达式如下:

$$\frac{dPO_4}{dt} = P_{BOD} - P_{PL} \tag{6-19}$$

$$P_{BOD} = Y_2 \cdot K_3 \cdot BOD \cdot \theta_3^{T-20} \tag{6-20}$$

$$P_{PL} = UP_{PL} \cdot (PH - R_1 \cdot \theta_1^{T-20}) \cdot F(N,P) \tag{6-21}$$

式中:P_{BOD} 为生物降解有机物产生的 PO_4,mg;P_{PL} 为浮游植物吸收的 PO_4,mg;Y_2 为消耗每毫克 BOD 产生 PO_4 的比例系数;UP_{PL} 为植物消耗氧含量与吸收磷的比值。

6.2.2.5　浮游藻类光合作用

$$PH = \begin{cases} PH_{max} \cdot F(H) \cdot \cos 2\pi(\tau/\alpha) \cdot \theta_1^{T-20} & \tau \in [t_{up}, t_{down}] \\ 0 & \tau \notin [t_{up}, t_{down}] \end{cases} \tag{6-22}$$

$$F(H) = e^{-K \cdot H} \tag{6-23}$$

式中:PH_{max} 为光合作用最大产氧量,$g/(m^2 \cdot d)$;$F(H)$ 为光削减函数;τ 为光合作用时刻与正午(12:00)的偏差小时数;α 为实际相对日长;t_{up} 和 t_{down} 分别为日出和日落时间;K 为消光系数,m;H 为水深,m。

根据表 6-3 可知,消光系数 K 并非常数,随着水深变化而变化。实验测定了不同深度的光照强度,根据式(6-23)计算出不同深度的消光系数,水深与消光系数的拟合关系如图 6-7 所示。

表 6-3　不同水深下的光照强度测定　　　　　　　单位:lx

序号	水下 2 cm		水下 20 cm		水下 40 cm		水下 60 cm	
	最大值	最小值	最大值	最小值	最大值	最小值	最大值	最小值
1	13 500	10 700	8 989	8 753	5 914	5 757		
2	16 300	15 300	10 000	9 438	4 901	4 602	2 840	2 756
3	12 900	9 496	9 279	8 899	6 461	6 450	5 618	5 577
4	10 900	10 700	9 575	9 278	6 273	6 243	3 930	3 868
5	15 000	13 500	11 400	10 700	7 540	7 429	5 500	5 493
6	17 500	16 600	12 000	11 500	6 866	6 565		
7	10 400	9 500	8 740	7 966	6 678	6 483	4 716	4 648
8	9 221	8 461	7 281	7 237	5 799	5 718		
9	15 500	12 300	11 300	10 500	7 414	7 053	6 646	6 266
10	11 500	9 930	6 200	6 071	4 712	4 060		
11	15 600	12 800	11 100	10 400	8 561	8 411	7 207	7 087
12	12 200	10 000	9 044	8 576	7 120	6 987	5 048	4 954

续表 6-3

序号	水下 2 cm		水下 20 cm		水下 40 cm		水下 60 cm	
	最大值	最小值	最大值	最小值	最大值	最小值	最大值	最小值
13	9 683	8 688	6 429	6 207	4 857	4 709	3 794	3 636
14	9 118	8 337	7 839	7 142	5 790	5 553	4 115	3 986
15	9 400	8 959	7 478	7 238	6 079	5 951		
16	10 600	10 000	7 653	6 795	4 187	3 803	3 003	2 941
17	9 707	9 612	9 073	8 896	5 373	5 253	4 111	4 015
18	8 520	7 857	6 608	6 579	5 202	5 159	4 360	3 821
平均值	11 396.92		8 671.194		5 997.583		4 612.923	
消光系数	4.670 5		0.453 4		0.217 5		0.140 6	

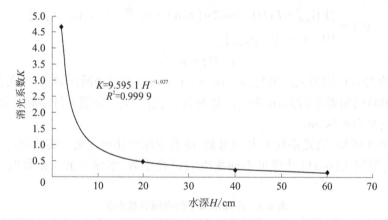

图 6-7　水深与消光系数拟合关系

6.3　基于光盐驱动的富营养化模型构建

　　基于光盐驱动的富营养化模型是以水动力模型为基础,结合构建的富营养化模块而构成的。其目的在于根据模拟区域水动力条件和眉湖初始水质条件来模拟目标区域水质变化情景,以此分析模拟情况下叶绿素 a 的生长状况;根据模型模拟的准确性,开展多情景水体富营养化模拟,得出在不同光照强度和营养盐条件下 Chl-a 的生长状况。模拟情景包含光照与营养盐单因子改变下的叶绿素 a 浓度变化,以及营养盐共同改变的光盐交互作用下叶绿素 a 浓度变化,以此分析不同光盐对叶绿素 a 变化影响的差异。

6.3.1　富营养化模型参数率定

　　对基于光盐驱动条件下的富营养化模型参数率定,是以 2018 年 3—7 月的水质检测数据作为对照,水质监测断面有 2 处,分别位于眉湖南侧和北侧,并利用断面水质检测数值确定本次模型模拟结果的拟合程度,其中水质对比参照指标分别为叶绿素 a、TN 和 TP。

6.3.2　富营养化模型验证

模拟以设计的水动力模型为基础,结合富营养化模块对眉湖水体富营养化过程进行模拟。模型模拟时间步长设置为 6 h,模拟时间从 3 月 20 日至 7 月 23 日,步长个数为504。模型的准确性是通过调整模型中设计的影响参数使模型模拟结果和眉湖水质检测数据达到最大程度的吻合,得到最佳模型参数值,见表 6-4。

表 6-4　眉湖富营养化模型参数值

参数	含义	单位	数值
R_1	20 ℃下光合作用的呼吸速率	g/(m^2·d)	0.1
θ_1	光合作用的温度系数	—	1.08
K_{10}	叶绿素 a 与碳的质量比	—	0.025
K_{11}	初级生产力的碳氧质量比	—	0.288
K_{SN}	限制藻类光合作用吸收氮的半速常数	mg/L	0.05
K_{SP}	限制藻类光合作用吸收磷的半速常数	mg/L	0.008
K_8	叶绿素 a 的死亡率	d^{-1}	0.05
K_9	叶绿素 a 的沉降率	m/d	0.2
Y_b	消耗每毫克 BOD 产生 NH_3 的比例系数	—	0.3
K_3	有机物降解系数	d^{-1}	0.5
θ_3	有机物降解的温度系数	—	1.07
K_{SB}	BOD 消耗氧气的半速常数	mg/L	2
K_4	20 ℃时硝化速率	d^{-1}	1.05
θ_4	硝化过程的温度系数	—	1.088
UN_{PL}	藻类消耗氧含量与吸收氮的比值	—	0.66
K_{SD}	硝化作用的半速常数	mg/L	0.17
K_5	反硝化系数	d^{-1}	0.1
θ_5	反硝化反应的温度系数	—	1.16
Y_2	消耗每毫克 BOD 产生 PO_4 的比例系数	—	0.06
UP_{PL}	植物消耗氧含量与吸收磷的比值 P/O	—	0.091
PH_{max}	光合作用最大产氧量	d^{-1}	2
M	曼宁系数	—	32
C_S	涡黏系数计算常数	—	0.28

对眉湖水体富营养化模拟结果与实测数据进行对比,验证分析模型模拟的准确性。其中,对比测点分别为测点 S1 和 S5,如图 6-8 所示,对比结果如图 6-9 所示。测点 S1 处叶绿素 a 模拟变化趋势与实测值相似,其模拟过程中实测值与模拟值最大相对误差为

23.00%,最小相对误差为 2.04%,平均相对误差为 9.15%;测点 S5 处叶绿素 a 模拟过程最大相对误差为 16.80%,最小相对误差为 0.96%,平均相对误差为 7.03%,模拟结果理想。

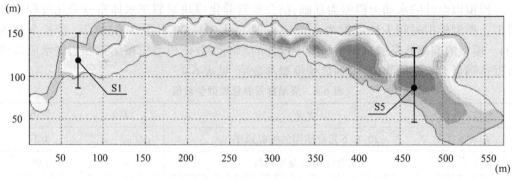

图 6-8　眉湖水体富营养化实测值与模拟值对比测点

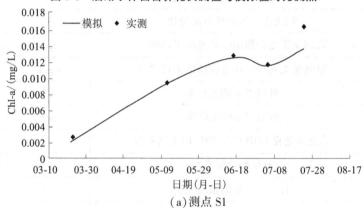

(a)测点 S1

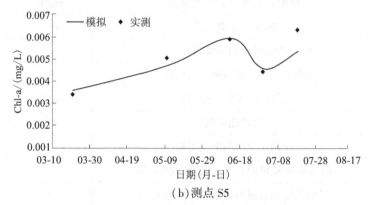

(b)测点 S5

图 6-9　Chl-a 浓度模拟曲线与实测值对比

　　对眉湖水体富营养化水质指标 TN 模拟结果与实测数据进行对比,验证分析模型模拟过程中氮营养盐变化的准确性,对比结果如图 6-10 所示。测点 S1 处 TN 模拟过程中实测值与模拟值最大相对误差为 5.47%,最小相对误差为 1.24%,平均相对误差为2.98%,模拟结果理想;测点 S5 处的 TN 模拟变化趋势始终大于实测值,但其变化趋势相似,其模拟过程实测值与模拟值最大相对误差为 19.20%,最小相对误差为 4.72%,平均相对误差为10.36%。

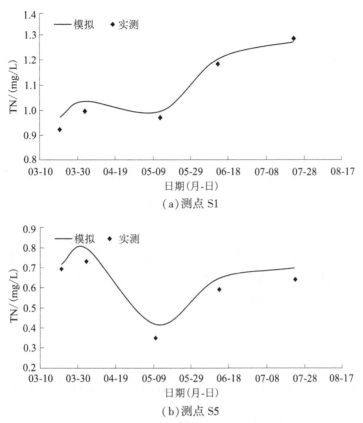

（a）测点 S1

（b）测点 S5

图 6-10 TN 浓度模拟曲线与实测值对比

对眉湖水体富营养化水质指标 TP 模拟结果与实测数据进行对比，验证分析模型模拟过程中磷营养盐变化的准确性，对比结果如图 6-11 所示。测点 S1 处的 TP 模拟值变化趋势始终与实测值吻合性较高，变化趋势一致，其模拟过程中实测值与模拟值最大相对误差为 23.59%，最小相对误差为 0.91%，平均相对误差为 8.50%；测点 S5 处 TP 最大相对误差为 9.79%，最小相对误差为 1.61%，平均相对误差为 5.34%，模拟结果理想。

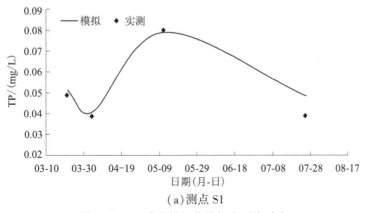

（a）测点 S1

图 6-11 TP 浓度模拟曲线与实测值对比

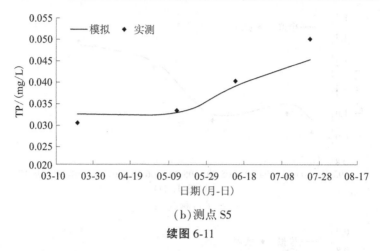

（b）测点 S5

续图 6-11

通过对 Chl-a、TN 和 TP 三种指标的模拟值与实测值的比较可知，TN 模拟值与实测值最大相对误差小于 20%，且 Chl-a、TP 模拟值与实测值最大相对误差也未超过 25%，其中 TP 指标相对误差最大，TN 指标相对误差最小，Chl-a 居中，但通过对比三者实测值与模拟值相对误差和浓度变化趋势可知，本次模拟结果符合预期要求，故该模型可作为眉湖水体富营养化模型，对不同情景下水体中 Chl-a 变化进行模拟。

6.4 不同情境下水体富营养化模拟分析

眉湖水体富营养化模拟情景的设置，包括氮、磷营养盐浓度梯度变化情景和不同光照强度梯度模拟，即除原始条件下模拟结果外，还包括氮、磷营养盐浓度在初始浓度的 2 倍、3 倍和 4 倍条件下模拟以及光照强度的 1.5 倍、2 倍和 3 倍模拟。另外，情景设置还包括氮、磷营养盐共同增加 1 倍，氮营养盐和光照强度共同增加 1 倍以及磷营养盐和光照强度共同增加 1 倍的情景模拟。根据各情景的模拟结果，依次分析不同条件下水体中 Chl-a 的变化情况。

6.4.1 单因素影响下的 Chl-a 生长模拟

6.4.1.1 不同氮营养盐浓度下 Chl-a 浓度变化

不同氮营养盐浓度下 Chl-a 浓度变化如图 6-12 所示，其中原始条件下水体中 TN 含量平均值为 1.13 mg/L，其余情景下氮浓度设置分别为原始条件的 2 倍、3 倍和 4 倍。从模拟结果可以看出，随着模拟情景中氮浓度的增加，Chl-a 生长趋势有所增长，当水体中 TN 浓度增长到原始条件的 3 倍时，水体中 Chl-a 浓度最高为 15.23 μg/L，相对于原始条件下最大值增加了 13.81%。而在模拟情景中，当水体氮浓度增长到原始条件的 4 倍时，水体中 Chl-a 浓度小于 2 倍和 3 倍氮浓度条件下的 Chl-a，此时水体中 Chl-a 最大浓度为 13.72 μg/L，相对于原始条件 Chl-a 浓度 13.39 μg/L，仅增加了 2.46%。这表明虽然水体中氮营养盐增加会驱动水体中 Chl-a 的增长，但其浓度超过一定范围后，水体中 Chl-a 浓度反而开始减少；适合藻类生长的水体中最佳氮浓度可能在原始条件的 3 倍左右。

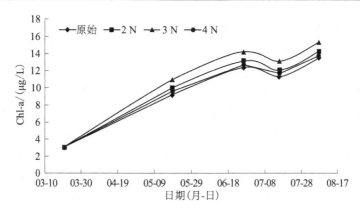

图 6-12　不同氮营养盐浓度下 Chl-a 浓度变化

6.4.1.2　不同磷营养盐浓度下 Chl-a 浓度变化

不同磷营养盐浓度下 Chl-a 浓度变化如图 6-13 所示,其中原始条件下水体中 TP 含量平均值约为 0.059 mg/L,不同磷浓度情景设置中磷营养盐浓度分别为原始条件下的 2 倍、3 倍和 4 倍。从模拟结果可以看出,随着模拟情景中磷含量的增加,Chl-a 含量随着磷浓度的增长而增长,当水体中 TP 浓度增长到原始条件的 4 倍时,水体中 Chl-a 生长浓度最高时为 15.71 μg/L,此条件下的 Chl-a 浓度均高于其他磷浓度情景,相对于原始条件下 Chl-a 最大浓度值增加了 15.06%。而在磷营养盐变化情景模拟中,当水体磷浓度增长到原始条件的 3 倍时,水体中 Chl-a 浓度与 4 倍磷浓度条件下的 Chl-a 相差较少,此时水体中 Chl-a 最大浓度为 15.23 μg/L,相对于原始条件 Chl-a 浓度 13.39 μg/L,增加了约 13.74%,2 倍磷营养盐条件下 Chl-a 最大浓度为 14.84 μg/L,与初始条件相比增长了 10.83%。通过结果对比可知,当水体中 TP 浓度升高到 2 倍时,与以上情景相比,Chl-a 生长变化最大,随着水体中磷含量的增加,虽然水体中 Chl-a 的含量随之增加,但其增加量开始减少,表明虽然当水体中磷营养盐增加会驱动水体中 Chl-a 的增长,但其浓度到达一定状态时,水体中 Chl-a 浓度增长变化量开始减缓,从模拟实验可知,有利于 Chl-a 生长的最佳磷浓度约在 4 倍原始磷浓度,为 0.236 mg/L 左右。

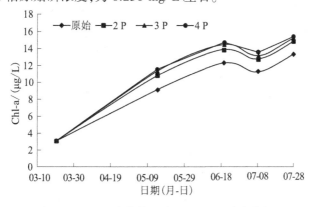

图 6-13　不同磷营养盐浓度下 Chl-a 浓度变化

6.4.1.3 不同光照强度条件下Chl-a浓度变化

不同于氮、磷营养盐条件的改变,光照强度的变化对藻类生长变化最为明显,其差异主要体现在无光和有光以及强光和弱光的环境。本次模拟主要根据原光照条件设置1.5倍、2倍和3倍的原光照强度来观察Chl-a的生长变化情景,根据实测的光照强度设定原始条件下模型中的光照强度,并对每种光照强度下的Chl-a含量变化进行模拟,结果如图6-14所示。模拟结果显示,随着模拟情景中光照强度的增加,Chl-a总体浓度高于原光照情景,当光照强度为原光照情景的1.5倍时,水体中Chl-a生长浓度最佳,其最大值为16.21 μg/L,相对于原始条件下Chl-a最大浓度值增加了21.05%;随着光照强度再次增加,水体中的Chl-a浓度总趋势开始下降,当光照强度达到原光照强度的3倍时,水体中Chl-a浓度已接近于原光照强度条件下的Chl-a,此时水体中Chl-a最大浓度为14.5 μg/L,相对于原始条件Chl-a浓度13.39 μg/L,增加了8.29%;2倍光照强度下的Chl-a最大浓度为15.53 μg/L,介于1.5倍和3倍光照强度之间。通过结果对比可知,当光照强度仅升高到1.5倍时,可能达到了藻类生长的最佳光照条件,此后光照强度增加便开始抑制藻类的生长。

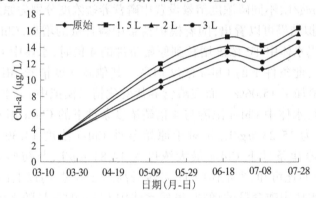

图6-14 不同光照强度下Chl-a浓度变化

6.4.2 光盐交互作用下的Chl-a生长模拟

实验模型模拟光盐交互作用下Chl-a的变化情景主要为光照强度与氮营养盐加倍、光照强度与磷营养盐加倍以及氮和磷营养盐加倍情景,基础情景仍为原始情景。各情景下Chl-a的生长状况模拟结果如图6-15所示。根据模拟结果可知,光照强度的增加产生的作用要大于仅增加营养盐浓度对Chl-a的影响。其中,在光照强度与磷营养盐同时增加2倍的情景下,水体中Chl-a生长状况最佳,模拟结束时Chl-a的浓度为16.71 μg/L,与原始情景相比,增长了24.75%;光照强度与氮营养盐加倍产生的影响作用次之,此情境下模拟结束时的Chl-a浓度为15.69 μg/L,与原始情景相比Chl-a浓度增长了17.18%;氮、磷营养盐加倍情境下的Chl-a增加程度较小,此情景下模拟结束时的Chl-a浓度为14.76 μg/L,与原始情景相比增长了10.23%。综上所述,在同时改变多种影响因素条件下,光照强度与磷营养盐的作用程度大于光照强度与氮营养盐的共同作用大于氮、磷含量共同加倍的影响作用。

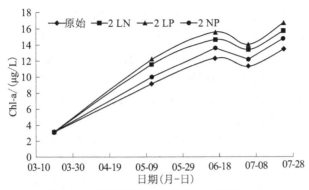

图 6-15　多影响因素改变下 Chl-a 浓度变化

6.4.3　不同影响条件最佳模拟结果对比

根据上述分析得知,单影响因子最佳条件分别为 1.5 倍光照强度、3 倍氮浓度和 4 倍磷浓度,最佳条件下各情景 Chl-a 浓度变化对比如图 6-16 所示。根据模拟实验结果,分析水体中浮游藻类在单一影响因子改变情况下藻类生长趋势,对比单一影响因子条件不同状况下的藻类浓度变化,得出适合藻类生长的最佳氮、磷营养盐浓度取值范围和最佳光照强度范围。单因子改变条件下,光照条件的改变对 Chl-a 影响最大,光照强度增加到 1.5 倍时,Chl-a 的浓度变化情况就达到了最佳值,再升高光照强度,Chl-a 浓度就开始降低,模型中最佳光照时藻类最大浓度为 16.21 μg/L,相对于原始情景下 Chl-a 最大浓度值增加了 21.06%;而氮、磷营养盐浓度分别升高到 3 倍和 4 倍条件时,藻类生长状态达到最佳,模型中藻类生长最佳时 Chl-a 浓度分别为 15.23 μg/L 和 15.71 μg/L,相对于原始条件下 Chl-a 最大浓度值增加了 13.74% 和 17.33%。由此可见,对藻类生长的影响,最佳光照强度大于最佳磷浓度大于最佳氮浓度。

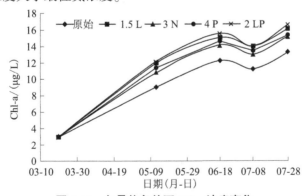

图 6-16　各最佳条件下 Chl-a 浓度变化

当改变多种影响因素时,藻类的生长变化比改变单一影响因素的藻类生长状况好,根据模拟结果可知,在光照强度和磷营养盐浓度同时升高 2 倍条件下,藻类指标 Chl-a 生长状况最好,其最大值为 16.71 μg/L,与原始情景相比,增长了 24.79%,且均高于单因子在最佳条件下的 Chl-a 浓度,表明当多个因子改变共同驱动藻类生长时产生的积极作用要远大于单因子对藻类指标 Chl-a 浓度变化的影响。

对比分析模型模拟与第4章实验中影响因子变化对藻类生长影响结果的差异,选用实验组为第四、五、六组实验。根据实验结果可知,在三组实验过程中,影响因子条件的差异对藻类生长作用程度不一致,可能是由于非可控因素,如温度等差异造成的影响,但考虑到每组实验中不同情景均处于相同的环境中,情景间只有设计的影响因子存在差异,故可以根据实验结果来判断不同影响因子对藻类生长的作用程度。根据实验结果可知,Chl-a 的变化基本上为室内光原湖水情景下的 Chl-a 生长状况比较稳定,而添加营养盐后虽然会增加水体中 Chl-a 的生长速率,但也会改变 Chl-a 在水体中生长的稳定性,总体状况为单独加入氮的影响作用大于氮、磷混合的影响作用大于单独加入磷的影响作用,而光照条件的变化对藻类生长的影响大于营养盐的影响。分析模型模拟结果与实验结果具有一定相似性,在单因子条件改变的模型模拟结果中,根据单因子梯度变化模拟,3 种影响因子对藻类指标 Chl-a 产生的影响中,光照强度变化产生的影响最为明显,当光照强度增加到 1.5 倍时,Chl-a 浓度最高,其次是磷营养盐浓度变化对藻类的影响,当磷营养盐达到最佳浓度时的 Chl-a 浓度要低于光照强度情况下而又高于最佳氮营养浓度。由此可知,无论是室内实验还是模型模拟情况下,光照对藻类生长的影响最为明显,而氮、磷营养盐对藻类指标 Chl-a 的影响对于室内实验和模拟结果在分析上有差异,前者中氮营养作用稍强于磷,而模拟中磷营养的作用却又高于氮。

第 7 章　基于水体透明度的水体富营养化数值模拟

本章主要是在分析水体富营养化模型建模机理的基础上,通过人工神经网络(artificial neural network)模型和水体富营养化物理模型对眉湖水体富营养化进行模拟分析。人工神经网络模型是根据实验监测数据从统计规律上建立一定的非线性黑箱模型,以对眉湖藻类和叶绿素 a 进行模拟分析;而水体富营养化物理模型是通过建立水体透明度影响因子识别与模拟模型以及透明度与光照衰减系数定量关系,以确定影响眉湖水体富营养化的物理作用机理,并结合富营养化的基础模型得到基于水体透明度的富营养化模型。在此基础上,对构建的基于水体透明度的富营养化模型进行参数的敏感性分析以及参数率定与验证,并分析不同情景设置下,光照强度、水体透明度和营养盐(TP 和 TN)变化对眉湖藻类生长的影响作用,同时分析对眉湖藻类生长影响作用较大的因素。

7.1　水体富营养化模型建模机理

7.1.1　简单的回归模型

简单的回归模型主要是基于大量的水质监测和生物数据统计方法,建立的湖泊地形参数或某一监测项目和营养组分之间的相关性,Dillon 等(1994)在 19 个湖泊监测了大量的叶绿素 a 和总磷的数据,进而建立了湖泊中叶绿素 a 和磷之间的关系,如式(7-1)所示;通过长期监测东湖的叶绿素 a 和磷浓度,建立了东湖叶绿素 a 和总磷间的相互关系,如式(7-2)所示。这种模型的优点主要包括:可以快速地评价湖泊的水质情况,可以分析湖泊水质基本的变化趋势,可以为不熟悉数学模型的人员提供定量的计算工具。而由于这样的模型在建立时一般需要大量的监测数据,同时这些监测数据的精度不是很好保证,并且建立模型时考虑的问题比较简单,因此简单的回归模型难以被用来作为一种很好的预测工具,通常只在数据不太理想或在建立复杂模型前用于作初步的半定量估计。

$$\lg[\text{Chl-a}] = 1.449\lg[P] - 1.136 \tag{7-1}$$

$$\lg[\text{Chl-a}] = 1.06\lg[P] - 0.53 \tag{7-2}$$

式中:Chl-a 为叶绿素 a 的浓度;P 为总磷浓度。

7.1.2　单因子营养物质负荷模型

通常情况下引起水体富营养化的物质主要包含碳、氮、磷,在淡水环境中存在的碳、氮、磷的比率一般为 106∶16∶1,根据 Liebig 最小生长定律,可以认为水体富营养化形成的限制物质是氮和磷,而磷又是大多数湖泊水体富营养化形成最关键的限制因素。

Vollenweider 将湖泊看作一个单一均匀的整体,在不考虑湖泊水体分层的情况以及湖泊水体的对流和扩散作用,进而于 1975 年提出了 Vollenweider 模型,该模型假定湖泊中随时间变化的总磷浓度等于单位容积内输入的磷减去输出的磷以及在湖底沉积的磷,该模型表示为

$$H \frac{\mathrm{d}P(t)}{\mathrm{d}t} = L_{\mathrm{S}}(t) - v_{\mathrm{S}}P(t)q_{\mathrm{S}}P(t) \tag{7-3}$$

式中:H 为湖泊的平均水深,m;$P(t)$ 为 t 时刻实际水体中磷的浓度,mg/m³;L_{S} 为单位面积输入湖泊中的总磷负荷,mg/(m² · a);v_{S} 为沉降速度,m/a;q_{S} 为单位表面积的出流量,m/a。

为了防止湖泊水体富营养化,联合国经济合作与发展组织(OECD)根据 Vollenweider 模型[式(7-3)]提出了湖泊水体中总磷浓度的计算模型方程,即

$$V \frac{\partial P}{\partial t} = I_{\mathrm{P}} - q \cdot p - \alpha \cdot V \cdot P \tag{7-4}$$

式中:P 为湖泊水体中总磷的浓度,mg/L;I_{P} 为湖泊内从各种途径输入磷的数量,g/a;q 为流出湖泊的水量,m³/a;V 为湖泊的容积,m³;α 为湖泊总磷的沉积系数,1/a;t 为计算时段,年。

为了更加直接地表示湖泊底质的变化对湖泊磷负荷的影响,许多专家学者在相关的模型中都增加了底质的模拟单元,即不同底质与水体之间磷交换的总磷负荷模型,如 Larsen、Steven 和 Welch 等。

Larsen 等(1975)和 Ahlgren(1980):$V \dfrac{\mathrm{d}p}{\mathrm{d}t} = W - Qp \tag{7-5}$

Larsen 等(1979)和 Welch 等(1986):$V \dfrac{\mathrm{d}p}{\mathrm{d}t} = W - Qp - v_{\mathrm{a}}Ap + J_{\mathrm{int}} \tag{7-6}$

Steven 和 Raymond(1991):$\begin{cases} V_1 \dfrac{\mathrm{d}p_1}{\mathrm{d}t} = W - Qp_1 - v_{\mathrm{s}}A_2p_1 + v_{\mathrm{r}}A_2p_2 \\[2mm] V_2 \dfrac{\mathrm{d}p_2}{\mathrm{d}t} = v_{\mathrm{s}}A_2p_1 - v_{\mathrm{r}}A_2p_2 - v_{\mathrm{b}}A_2p_2 \end{cases} \tag{7-7}$

Lorenzen 等(1976):$\begin{cases} V \dfrac{\mathrm{d}p}{\mathrm{d}t} = W - Qp - K_1Ap + K_2Ap_{\mathrm{s}} \\[2mm] V_{\mathrm{s}} \dfrac{\mathrm{d}p_{\mathrm{s}}}{\mathrm{d}t} = K_1Ap - K_2Ap_{\mathrm{s}} - K_1K_3Ap \end{cases} \tag{7-8}$

式中:V 为湖泊的容积,m³/a;p 为总磷的浓度,mg/m³;W 为负荷量速率,m³/a;Q 为水流的速率,m³/a;t 为时间,a;J_{int} 为内部磷的负荷量,mg/a;v_{a} 为表面沉积速率,m/a;A 为湖面的面积,m²;p_1 为湖水的总磷浓度,mg/m³;p_2 为底质表层中的总磷浓度,mg/m³;v_{s} 为总磷沉积速率,m/a;v_{r} 为从底质到水体中的物质转移循环系数,m/a;v_{b} 为从底质表层到深层的物质转移埋藏系数,m/a;V_1 为湖泊水体的容积,m³;V_2 为湖泊沉积区的容积,m³;A_2 为湖泊沉积区的表面积,m²;V_{s} 为湖泊表层底质容积,m³;p_{s} 为湖泊底质中可交换性的磷浓度,

mg/m^3;K_1 为从湖泊水体向底质的物质转移系数,m/a;K_2 为从湖泊底质向水体可交换性磷的转移系数,m/a;K_3 为被输入到底质中的不可交换性磷占总磷的比例。

7.1.3　复杂的生态-水质-水动力模型

复杂的湖泊生态-水质-水动力模型是基于质量守恒定律,提出了多层、多室、多成分的复杂模型来模拟物理、化学、生物、生态和水动力等湖泊过程。专家学者根据状态变量的特点,提出了针对不同模拟问题的模型,如 Sagehashi 等(2001)提出了针对湖泊生态的富营养化模型;Ditoro 等(1975)提出了生态+水动力的湖泊富营养化模型;Johnson 等(1991)提出了针对湖泊水质+水动力的富营养化模型;Virtanen 等(1986)提出了针对湖泊水质+生态+水动力的富营养化模型。Jφrgensen 总结了该阶段湖泊富营养化模型发展的三个特征:①当监测数据量比较充足时,用三维水动力模型可以解决模型自身的问题;②可以根据数据量在众多不同复杂程度的模型中进行挑选;③有些模型的适应范围很广。而在实际操作中,大部分模型都是根据当地的实际情况和数据变化对模型进行适当的调整和参数率定,如 Glumsφ、Cleaner、Lavsoe 和 3DWFGAS 模型。

朱永春和蔡启铭(1998)以太湖梅梁湾为研究区域,建立了三维湖泊水体富营养化水质+水动力的数学模型,因为太湖是一个浅水湖泊,不同水深温度的差异性较小,故在此过程中可以省略。假设湖泊水体的水密度为一个常数,它在垂直方向上满足静力平衡,故根据质量守恒定律以及完整的 N-S 方程,省略一些相对较小的项,可以得到三维浅水湖泊的水动力学方程:

$$\frac{\partial u}{\partial t} + u\frac{\partial u}{\partial x} + v\frac{\partial u}{\partial y} + w\frac{\partial u}{\partial z} = fv - \frac{1}{\rho}\frac{\partial p}{\partial x} + \frac{\partial}{\partial x}\left(A_h\frac{\partial u}{\partial x}\right) + \frac{\partial}{\partial y}\left(A_h\frac{\partial u}{\partial y}\right) + \frac{\partial}{\partial z}\left(A_v\frac{\partial u}{\partial z}\right) \quad (7\text{-}9)$$

$$\frac{\partial v}{\partial t} + u\frac{\partial v}{\partial x} + v\frac{\partial v}{\partial y} + w\frac{\partial v}{\partial z} = -fv - \frac{1}{\rho}\frac{\partial p}{\partial y} + \frac{\partial}{\partial x}\left(A_h\frac{\partial v}{\partial x}\right) + \frac{\partial}{\partial y}\left(A_h\left|\frac{\partial v}{\partial y}\right.\right) + \frac{\partial}{\partial z}\left(A_v\frac{\partial v}{\partial z}\right)$$

$$(7\text{-}10)$$

$$\frac{\partial u}{\partial x} + \frac{\partial v}{\partial y} + \frac{\partial w}{\partial z} = 0 \quad (7\text{-}11)$$

$$\frac{\partial p}{\partial z} + pg = 0 \quad (7\text{-}12)$$

研究可知,湖泊不同水深的湖流相差比较大甚至呈现相反的现象,因此随湖流迁移的营养物质在不同水深的分布规律将表现出不同的特征,将水质(磷和氮)分布按照多边界条件下的三维稀释自净方程描述如下:

$$\frac{\partial P}{\partial t} = E_x\frac{\partial^2 P}{\partial x^2} + E_y\frac{\partial^2 P}{\partial y^2} + E_z\frac{\partial^2 P}{\partial z^2} - u\frac{\partial P}{\partial x} - v\frac{\partial P}{\partial y} - w\frac{\partial P}{\partial z} - W_P \cdot P + \frac{\alpha P}{H} \quad (7\text{-}13)$$

$$\frac{\partial N}{\partial t} = E_x\frac{\partial^2 N}{\partial x^2} + E_y\frac{\partial^2 N}{\partial y^2} + E_z\frac{\partial^2 N}{\partial z^2} - u\frac{\partial N}{\partial x} - v\frac{\partial N}{\partial y} - w\frac{\partial N}{\partial z} - W_N \cdot N + \frac{\alpha N}{H} \quad (7\text{-}14)$$

式中:u、v、w 分别为 x、y、z 方向上的流速分量;p 为水压力;ρ 为水密度;g 为重力加速度;

A_h 为水平涡旋扩散系数;A_v 为垂直涡旋扩散系数;P 为湖泊水体中总磷的浓度;N 为湖泊水体中总氮的浓度;E_x、E_y、E_z 分别为湖泊水体在 x、y、z 方向上的扩散系数;W_P,W_N 分别为湖泊水体中总磷和总氮的沉降系数;αP 和 αN 分别为单位面积、单位时间内湖底地质与湖泊水体通过水土界面交换的总磷和总氮的数量。

7.1.4 复杂的生态结构动力学模型

复杂的生态结构动力学模型主要是考虑湖泊生态系统的可塑性和变化性,运用一套连续变化的参数和目标函数来反映生物成分对外界环境变化的适应能力,并能够描述物种组成和性质的时空变化的特征。

Cerco 等(1993)通过研究 Chesapeake 湾水体富营养化,以浮游植物的生长动力学为基础,运用 CE-QUAL-ICM 三维动态水体富营养化模型模拟了水体富营养化水质变化的过程以及水体-底质间的交换过程,结果显示浮游植物动力学变量间的相互作用关系;Pilar 等(1997)利用 WASP5 模拟了水库中浮游植物和营养盐、有机物、DO 等环境因子的相互影响作用。国内学者开展了三湖(滇池、巢湖和太湖)的治理项目,在生态动力学模型的研究中取得了较大的进展。刘元波等(1998)在藻类及其相关的营养盐的基础上,构建了太湖梅梁湾的生态动力学模型,该模型反映了太湖的生态系统动力学变化,并对太湖的富营养化治理具有指导意义;刘玉生等(1991)在研究滇池碳、氮、磷时空分布,藻类动力学,浮游动物动力学以及沉积与营养源释放的基础上,把生态动力学模型与箱模型以及二维水动力学模型相结合,建立了适合滇池特点的富营养化模型;李一平等(2004)结合三维风生湖流模型和二维水质模型,构建了太湖的富营养化模拟模型,模拟了风生湖流、总磷、总氮、化学需氧量(COD)分布状态,同时模拟了藻类生长和消亡情况及其随风生湖流迁移的规律;杨具瑞等(2004)利用水动力学建立垂向平均化的水动力学模型,模拟了滇池总氮、总磷、藻类生物量的分布,为滇池的水体富营养化治理提供了一定的科学依据。

以下简单介绍李一平等(2004)建立的太湖水体富营养化模型。该模型是太湖藻类生长的动态模型与水动力模型和水质模型相耦合的综合模型,该模型对太湖水体富营养化具有较好的描述能力。

水质变量的质量守恒方程:

$$\frac{\partial C}{\partial t} + \frac{\partial (uC)}{\partial x} + \frac{\partial (vC)}{\partial y} + \frac{\partial (wC)}{\partial z} = \frac{\partial}{\partial x}\left(K_x \frac{\partial C}{\partial x}\right) + \frac{\partial}{\partial y}\left(K_y \frac{\partial C}{\partial y}\right) + \frac{\partial}{\partial z}\left(K_z \frac{\partial C}{\partial z}\right) + S_C$$

$$(7-15)$$

式中:C 为水质变量浓度;u、v、w 分别为 x、y、z 方向上的速度分量;K_x、K_y、K_z 分别为 x、y、z 方向上的扩散系数;S_C 为单位体积源汇项。

藻类的动力学方程:

$$\frac{\partial B_x}{\partial t} = (P_x - BM_x - PR_x)B_x + \frac{\partial}{\partial z}(WS_x B_x) + \frac{WB_x}{V} \tag{7-16}$$

式中:B_x 为第 x 种藻类的生物量,g/m³;t 为时间,d;P_x 为第 x 种藻类的生产率,d⁻¹;BM_x 为第 x 种藻类的基础代谢率,d⁻¹;PR_x 为第 x 种藻类的被捕食率,d⁻¹;WS_x 为第 x 种藻类的沉降速率,m/d;WB_x 为第 x 种藻类的外部负荷,g/d;V 为单元体积,m³。

7.2　基于人工神经网络的藻类和叶绿素 a 模拟分析

由于对眉湖的生态规律了解得不是非常的透彻,眉湖富营养化发生的机理还未能完全地熟悉,一般传统的机理研究的数学模型存在适应性和灵活性比较差的问题,为了避开传统数学模型的问题,本书引用非线性的人工网络的方法分析眉湖富营养化相关的问题。而一些学者运用神经网络也做了许多富营养化的研究,如崔东文运用人工神经网络模型识别的理论与方法,建立了 PNN、GRNN、BP 和 Elman 神经网络湖泊富营养化等级评价模型;林高松等通过在对富营养化评价标准进行插值获取大量的样本的基础上,建立了基于 BP 人工神经网络的富营养化评价模型;黄少峰等通过多年水生态监测数据筛选出了影响星云湖富营养化的关键因子,并利用 BP 神经网络模拟 Chl-a 与各影响因子间的关系;张育等介绍了 BP 人工神经网络计算水体富营养化的过程,并总结了在预测水体富营养化时水体中 BP 人工神经网络模型联合各种算法的优化情况。

7.2.1　人工神经网络的模型机理

人工神经网络是基于人类对其大脑神经网络的理解,进一步构造的实现某种功能的网络,它是人脑及其活动的理论化的一个数学模型,它通常是由大量神经元依一定结构互联而成,用以完成不同智能信息处理任务的一种大规模非线性自适应动力系统。它主要依靠神经元之间丰富的联系和整个网络的平行计算,用简单的非线性函数复合极复杂的非线性函数,从而可表征复杂的物理现象,并完成输入和输出之间的映射关系,如图 7-1 所示。

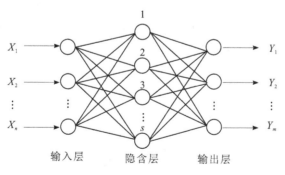

图 7-1　人工神经网络结构

一个神经网络模型通常具有三个方面的特征:一是网的拓扑学特征,包括模型中所包含的神经元(节点)的个数和排列形式、各神经元的作用及其相互联结方式和强弱(一般用权值表示其联系的强弱);二是节点的特征,包括其非线性特性和阈值,可选用适当的神经元模型来描述；三是学习法则，它是人工神经网络模型计算实现的关键。

BP 网络是指在具有非线性传递函数神经元构成的前馈网络中采用的误差反传算法作为其学习算法的前馈网络。它是一种多层前馈网络，主要由输入层、输出层和若干个隐含层构成，层与层之间的神经元采用全互联的连接方式，每层内的神经元之间没有连接。

现以只含有一个隐含层的三层前馈网络为例说明 BP 网络模型的原理。设输入层、隐含层和输出层神经元节点数分别为 N_1、N_2 和 N_3，隐含层和输出层的神经元的传递函数为 Sigmoid 函数，即

$$f(x) = \frac{1}{1 + e^{-x}} \tag{7-17}$$

假如有 P 对训练样本 $(I_p, T_p, p = 1, 2, \cdots, P)$，其中 $I_p \in R^{N_1}$ 为第 p 个训练样本的输入，$T_p \in R^{N_3}$ 为第 p 个训练样本的期望输出，那么输入信号由输入层向输出层正向传播的过程可用以下公式来表示，即

$$\text{net}_i^I = I_{pi} \tag{7-18}$$

$$O_{pi}^I = \text{net}_i^I = I_{pi} \tag{7-19}$$

$$\text{net}_j^H = \sum_{i=1}^{N_1} W_{ji}^F O_{pi}^I - \theta_j^H \tag{7-20}$$

$$O_{pj}^H = f(\text{net}_j^H) \tag{7-21}$$

$$\text{net}_k^O = \sum_{j=1}^{N_2} W_{kj}^S O_{pj}^H - \theta_k^O \tag{7-22}$$

$$O_{pk}^O = f(\text{net}_k^O) \tag{7-23}$$

式中：$i = 1, 2, \cdots, N_1; j = 1, 2, \cdots, N_2; k = 1, 2, \cdots, N_3$；$\text{net}_i^I$、$\text{net}_j^H$、$\text{net}_k^O$ 分别为输入层中某一节点 i、隐含层中某一节点 j 和输出层中某一节点 k 的净输入；W_{ji}^F、W_{kj}^S 分别为隐含层中节点 j 和输入层中节点 i 以及输出层中节点 k 和隐含层中节点 j 之间的连接权；θ_j^H、θ_k^O 分别为隐含层中节点 j、输出层中节点 k 的阈值；O_{pi}^I、O_{pj}^H、O_{pk}^O 分别为前馈网络在输入第 p 个训练样本时，由输入层节点 i、隐含层节点 j 和输出层节点 k 产生的输出。

显然在输入样本 p 的输入向量 I_p 后，由三层前馈网络产生的网络输出向量 $O_{pk}^O (k = 1, 2, \cdots, N_3)$ 与样本 p 的期望输出 $T_{pk} (k = 1, 2, \cdots, N_3)$ 是很可能有差距的，因为参数 W_{ji}^F、W_{kj}^S、θ_j^H、θ_k^O 稍有不同，O_{pk}^O 就不同，为此定义误差函数为

$$E = \sum_{p=1}^{P} E_p = \frac{1}{2} \sum_{p=1}^{P} \sum_{k=1}^{N_3} (T_{pk} - O_{pk}^O)^2 \tag{7-24}$$

在网络结构确定的情况下，式(7-24)中误差函数 E 是以连接权 W_{ji}^F、W_{kj}^S 和阈值 θ_j^H、θ_k^O 为主要变量的函数，也称为能量函数。希望误差函数达到最小值，将式(7-18)~式(7-23)代入式(7-24)可知，误差函数的优化问题是一个无约束非线性优化问题。由梯度下降法寻优时，可以得到权重和阈值的迭代公式，即

$$\Delta W_{xy}(n+1) = \eta \sum_p \delta_{px} O_{py} + \alpha \Delta W_{xy}(n) \tag{7-25}$$

$$\Delta \theta_x(n+1) = -\eta \sum_p \delta_{px} + \alpha \Delta \theta_x(n) \tag{7-26}$$

$$\Delta W_{xy}(n+1) = W_{xy}(n+1) - W_{xy}(n) \tag{7-27}$$

$$\Delta \theta_{xy}(n+1) = \theta_{xy}(n+1) - \theta_{xy}(n) \tag{7-28}$$

式中:η 为学习因子;α 为动量因子;$W_{xy}(n)$ 为前馈网络中任意相邻两层中两节点 x、y 之间的连接权在第 n 次的迭代值,它可表示 $W_{ji}^F(n)$ 或 $W_{kj}^S(n)$;$\theta_x(n)$ 为隐含层或输出层中某节点 x 的阈值在第 n 次的迭代值,它可表示 $\theta_j^H(n)$ 或 $\theta_k^O(n)$。

对于输出层某节点 x,有

$$\delta_{px} = (T_{px} - O_{px}^O) O_{px}^O (1 - O_{px}^O) \tag{7-29}$$

而对于隐含层某节点 x,有

$$\delta_{px} = O_{px}^H (1 - O_{px}^H) \sum_{x'} \delta_{px'} W_{x'x} \tag{7-30}$$

式中:节点 x' 是比节点 x 高一层的某节点。

如果认为式(7-18)~式(7-23)是信息的正向传播过程,那么网络中权重向量和阈值向量的修正过程式(7-25)、式(7-26)、式(7-29)、式(7-30)则是误差的反向传播过程。

7.2.2　人工神经网络模型的建立

根据眉湖水体富营养化限制因子分析可知,影响眉湖 PYT 和 Chl-a 含量的主要限制因子为 SD、COD、TP 和 TN,因此建立了眉湖中的 SD、COD、TP 和 TN 影响 PYT 和 Chl-a 含量的人工神经网络模型。结合实际的监测数据,将监测数据分为率定期和检验期两部分,运用建立的人工神经网络模型分析眉湖中 PYT 和 Chl-a 含量与它们限制因子 SD、COD、TP 和 TN 间的非线性关系。

7.2.2.1　PYT 的人工神经网络模型结果分析

将 SD、COD、TP 和 TN 作为输入层的四个输入因子,PYT 作为输出层的一个输出因子,通过设置隐含层以及相关的参数,得到 PYT 的人工神经网络模型的率定和检验结果,如表 7-1 所示。

从表 7-1 中可以看出,人工神经网络模拟的 PYT 实测值与模拟值的变化趋势是一致的,率定期模型的效率为 86.87%,达到了模型建模的需求。而模型在率定期和检验期相对误差(绝对值)的平均值分别为 10.18% 和 16.68%,相对而言较小,可以反映出眉湖 PYT 受到 SD、COD、TP 和 TN 影响的变化规律,同时可以体现出模型模拟的结果是比较可信的。

表 7-1 PYT 的人工神经网络模型率定和检验结果

时期	序号	PYT 实测值/ (cell/mL)	PYT 模拟值/ (cell/mL)	绝对误差/%	相对误差/%
率定期	1	1 911.00	2 134.55	−223.55	−11.70
	2	2 720.90	3 273.64	−552.74	−20.31
	3	5 886.00	4 224.32	1 661.68	28.23
	4	2 037.50	1 934.23	103.27	5.07
	5	2 253.70	2 319.02	−65.32	−2.90
	6	2 311.50	2 569.75	−258.25	−11.17
	7	2 853.10	3 456.46	−603.36	−21.15
	8	4 987.80	5 061.73	−73.93	−1.48
	9	6 018.30	5 490.63	527.67	8.77
	10	1 899.30	1 830.01	69.29	3.65
	11	1 759.10	1 896.17	−137.07	−7.79
	12	2 721.00	2 672.71	48.29	1.77
	13	2 307.30	1 873.24	434.06	18.81
	14	4 070.40	4 144.58	−74.18	−1.82
	15	778.30	5 164.18	−385.88	−8.08
模型效率为 86.87%；相对误差(绝对值)的平均值为 10.18%					
检验期	1	1 645.30	1 797.15	−151.85	−9.23
	2	2 462.60	1 868.67	593.93	24.12
	3	3 944.70	5 863.19	−1 918.49	−48.63
	4	1 735.20	1 771.41	−36.21	−2.09
	5	2 143.80	1 964.20	179.60	8.38
	6	2 622.30	3 210.90	−588.60	−22.45
	7	3 429.10	3 365.72	63.38	1.85
相对误差(绝对值)的平均值为 16.68%					

7.2.2.2 Chl-a 的人工神经网络模型结果分析

将 SD、COD、TP 和 TN 作为输入层的四个输入因子,Chl-a 作为输出层的一个输出因子,通过设置隐含层以及相关的参数,得到 Chl-a 的人工神经网络模型的率定和检验结果,如表 7-2 所示。

表 7-2　Chl-a 的人工神经网络模型率定和检验结果

时期	序号	Chl-a 实测值/(μg/L)	Chl-a 模拟值/(μg/L)	绝对误差/%	相对误差/%
率定期	1	8.5	10.099 7	−1.599 7	−18.820 3
	2	22.5	22.231	0.269	1.195 7
	3	29.62	24.406	5.214	17.602 9
	4	7.92	10.408 8	−2.488 8	−31.424 8
	5	10.7	11.282	−0.582	−5.439
	6	17.03	19.673 9	−2.643 9	−15.525 2
	7	21.8	23.210 4	−1.410 4	−6.469 6
	8	32.9	30.716 3	2.183 7	6.637 3
	9	29.53	29.810 2	−0.280 2	−0.948 7
	10	10.52	9.069 3	1.450 7	13.789 8
	11	8.71	9.78	−1.07	−12.284 9
	12	18.1	15.720 4	2.379 6	13.146 9
	13	8	7.999 6	0.000 4	0.005 1
	14	27.6	27.826 8	−0.226 8	−0.821 6
	15	25.45	29.251 6	−3.801 6	−14.937 5
	模型效率为 93.81%；相对误差（绝对值）的平均值为 10.6%				
检验期	1	7.82	8.622 9	−0.802 9	−10.266 7
	2	16	8.309 1	7.690 9	48.068 4
	3	19.98	30.566 6	−10.586 6	−52.986
	4	9.9	8.046 8	1.853 2	18.719 6
	5	13.5	8.217 1	5.282 9	39.132 9
	6	13.98	13.079 6	0.900 4	6.440 5
	7	15.73	15.284 6	0.445 4	2.831 5
	相对误差（绝对值）的平均值为 25.49%				

　　从表 7-2 中可以看出，人工神经网络模拟的 Chl-a 实测值与模拟值的变化趋势是一致的，率定期模型的效率为 93.81%，达到了模型建模的需求。而模型在率定期和检验期相对误差（绝对值）的平均值分别为 10.6% 和 25.49%，虽然检验期的相对误差（绝对值）的平均值略大，但还在 30% 以内，因此可以反映出眉湖 Chl-a 受到 SD、COD、TP 和 TN 影响的变化规律，同时可以体现出模型模拟的结果是比较可信的。

7.3 水体透明度影响因子及变化过程拟合分析

湖水水体的透明度体现的主要是光线在湖水中的射透深度,其大小与湖水中的悬浮物、藻类以及其他环境因子紧密相关。为了分析影响眉湖水体透明度的因素,下面对影响眉湖水体透明度的因子进行分析。

7.3.1 水体透明度与影响因子间的相关性

根据单相关和偏相关分析,结合实验监测数据,得到眉湖水体透明度与影响因子间的单相关系数和偏相关系数,如表 7-3 所示。

表 7-3 眉湖水体透明度 SD 与影响因子间的相关性

	浊度/NTU	DO/(mg/L)	水温/℃	pH	EC/(μS/cm)	ORP/mV	Chl-a/(μg/L)	PYT/(cell/mL)	H/m
单相关	−0.666*	0.476*	0.160	−0.465*	0.431*	0.066	−0.785*	−0.763*	0.650*
	v/(cm/s)	COD/(mg/L)	BOD_5/(mg/L)	TP/(mg/L)	TN/(mg/L)	NH_3-N/(mg/L)	NO_3-N/(mg/L)	IL/klux	
	0.430*	−0.536*	−0.552*	−0.401*	−0.575*	−0.424*	−0.415*	0.370	
偏相关	浊度/NTU	DO/(mg/L)	水温/℃	pH	EC/(μS/cm)	ORP/mV	Chl-a/(μg/L)	PYT/(cell/mL)	H/m
	−0.326*	0.448*	−0.139	−0.386*	0.248	−0.237	−0.543*	0.329*	0.309
	v/(cm/s)	COD/(mg/L)	BOD_5/(mg/L)	TP/(mg/L)	TN/(mg/L)	NH_3-N/(mg/L)	NO_3-N/(mg/L)	IL/klux	
	0.127	−0.482*	−0.364	0.286	−0.326*	−0.201	−0.085	−0.115	

注:* 表示相关性在 $p<0.05$ 上显著相关。

根据表 7-3 可知,眉湖水体透明度 SD 与浊度、DO、pH、EC、Chl-a、PYT、H、v、COD、BOD_5、TP、TN、NH_3-N 和 NO_3-N 呈现显著的单相关性,其单相关系数分别为−0.666、0.476、−0.465、0.431、−0.785、−0.763、0.650、0.430、−0.536、−0.522、−0.401、−0.575、−0.424 和−0.415。而眉湖水体透明度 SD 与水温、ORP、IL 的相关性较低,且不显著,其单相关系数分别为 0.160、0.066 和 0.370。从整体上来说,眉湖水体透明度 SD 与浊度、pH、Chl-a、PYT、COD、BOD_5、TP、TN、NH_3-N 和 NO_3-N 为负相关关系,而与 DO、水温、EC、ORP、H、v 和 IL 为正相关关系。

根据表 7-3 可知,眉湖水体透明度 SD 与浊度、DO、pH、Chl-a、PYT、COD 和 TN 呈现显著的偏相关性,且与浊度、pH、Chl-a、COD 和 TN 为负相关,偏相关系数分别为−0.326、

-0.386、-0.543、-0.482 和 -0.326；而与 DO 和 PYT 为正相关，偏相关系数分别为 0.448 和 0.329。眉湖水体透明度 SD 与水温、EC、ORP、H、v、BOD_5、TP、NH_3-N、NO_3-N 和 IL 的偏相关性较小且不显著，其偏相关系数分别为 -0.139、0.248、-0.237、0.309、0.127、-0.364、0.286、-0.201、-0.085 和 -0.115。从整体上可以看出，眉湖水体透明度与影响因子间的偏相关系数基本上都比其单相关系数小，这是由于单相关只考虑了水体透明度与影响因子间的关系，而偏相关考虑了各个影响因子对水体透明度的综合影响，这样更能够体现出眉湖水体透明度与影响因子间的关系。

7.3.2　水体透明度与单影响因子的拟合方程

7.3.2.1　透明度与浊度的关系

浊度是指水体中悬浮物对光线透过时所发生的阻碍程度，悬浮物是影响水体透明度的一个重要因子，因此浊度也是影响水体透明度重要的制约因子。一些专家通过监测资料得到水体透明度与悬浮物间的相关关系，如张云林等通过分析得到悬浮物与透明度相关性的对数拟合方程；杨顶田等（2003）利用水体透明度与悬浮物的倒数关系对太湖梅梁湾水体中两者的关系进行了模拟。而本书主要讨论眉湖水体透明度与浊度的相关关系，其数据不同处理情况下二者的拟合方程如下，且眉湖水体透明度与浊度各处理情况的拟合图如图 7-2 所示。

透明度与浊度：
$$SD = 643.7X^{-0.44} \quad p < 0.05 \quad r = 0.794 \tag{7-31}$$

透明度与浊度的倒数：
$$SD = 5\,869 \times 1/X + 31.89 \quad p < 0.05 \quad r = 0.752 \tag{7-32}$$

透明度与浊度开 4 次方：
$$SD = 643.7\,(X^{1/4})^{-1.76} \quad p < 0.05 \quad r = 0.794 \tag{7-33}$$

透明度对数与浊度开 4 次方：
$$\ln SD = -0.428X^{1/4} + 5.739 \quad p < 0.05 \quad r = 0.803 \tag{7-34}$$

式中：SD 为透明度，cm；X 为浊度，NUT；p 为检验的显著性水平；r 为拟合方程的拟合度。

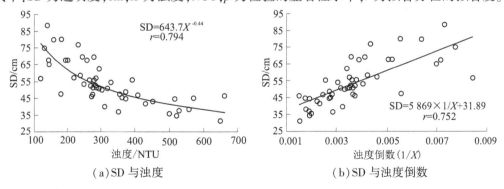

（a）SD 与浊度　　　　　　　　　（b）SD 与浊度倒数

图 7-2　眉湖水体透明度与浊度的拟合关系

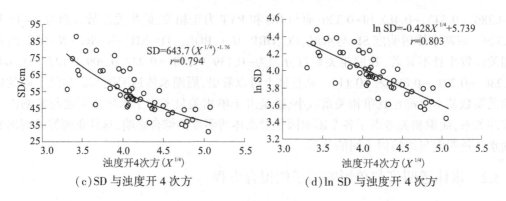

（c）SD 与浊度开 4 次方 　　　　　（d）ln SD 与浊度开 4 次方

续图 7-2

由以上的拟合方程与拟合关系图可知,眉湖水体透明度的对数与浊度开 4 次方的线性拟合方程拟合度最好,其拟合度到达了 0.803,且二者的相关性也相对较大,为 -0.796。说明眉湖水体透明度对数与浊度开 4 次方的线性关系更为密切,即更能够体现出眉湖水体中透明度与浊度的关系。

7.3.2.2 透明度与 COD 的关系

湖泊水体中的溶解性有机物对其水体透明度会产生一定的影响,特别是湖泊水体中的有色可溶性有机物（如 COD）对湖泊水体光线的吸收能力较强,能够降低湖泊水体的透明度。由于有色可溶性物质的化学组成成分较为复杂,本书主要采用 COD 来分析溶解性有机物与湖泊水体透明度的相关关系。根据实际监测数据,分析得到眉湖水体透明度与 COD 的拟合方程[如式（7-35）和式（7-36）]以及二者间的拟合关系图（见图 7-3）。

$$SD = -0.069COD^2 + 2.214COD + 44.15 \quad p < 0.05 \quad r = 0.674 \quad (7\text{-}35)$$

$$SD = 92.44 \times (1/COD)^{0.183} \quad r = 0.418 \quad (7\text{-}36)$$

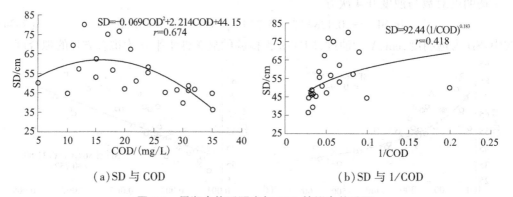

（a）SD 与 COD 　　　　　（b）SD 与 1/COD

图 7-3　眉湖水体透明度与 COD 的拟合关系图

由以上的拟合方程与拟合关系图可知,眉湖水体透明度与 COD 拟合的多项式方程的拟合度较大,到达了 0.674;且相关性呈显著负相关,相关系数为 -0.536。而眉湖水体透明度与 COD 倒数的拟合度较小,且二者的相关系数也相对较小。根据图 7-3 可知,当水体中 COD 浓度小于 16 mg/L 时,透明度随着 COD 浓度的增大而增大;当水体中 COD 浓度大于 16 mg/L 时,透明度随着 COD 浓度的增大而减小;而 COD 浓度较大时透明度下降的趋势比 COD 浓度较小时透明度上升的趋势更为明显,说明较高浓度的 COD 对眉湖水体透明度的影响较大。

7.3.2.3 透明度与 TP、TN 的关系

一般来说,磷和氮是影响藻类生长主要的营养物质,对藻类的生长繁殖起到了非常重要的作用,而磷和氮对湖泊水体透明度具有一定的影响。根据实际监测数据,得到眉湖水体透明度与总磷和总氮的拟合方程及拟合关系图(见图 7-4)。

$$SD = 64.12\, e^{-4.76TP} \qquad p < 0.05 \quad r = 0.515 \qquad (7\text{-}37)$$

$$SD = 55.35\, TN^{-0.28} \qquad p < 0.05 \quad r = 0.587 \qquad (7\text{-}38)$$

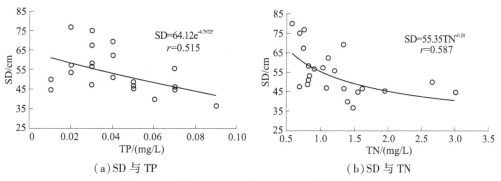

(a) SD 与 TP (b) SD 与 TN

图 7-4 眉湖水体透明度与 TP 和 TN 的拟合关系

由以上的拟合方程与拟合关系图可知,眉湖水体透明度与 TP 和 TN 呈较为明显的负相关关系,且拟合度较好,其拟合度分别为 0.515 和 0.587。由于湖泊水体中的磷、氮等元素的含量直接影响湖泊水体中藻类的生长,TP 和 TN 的浓度越大,藻类的生长量就越大,影响湖泊水体透明度的作用就越大。由图 7-4 可以看出,随着 TP 和 TN 浓度的增大,眉湖水体透明度呈较为明显的下降趋势,且眉湖水体透明度与 TP 呈较好的指数拟合方程,与 TN 呈较好的幂拟合方程,但整体上水体透明度与 TP 的拟合程度没有与 TN 的拟合程度好。

7.3.2.4 透明度与其他影响因子的关系

根据眉湖水体透明度与影响因子间的拟合关系(见图 7-5)可知,眉湖水体透明度与 BOD_5 和 H 的线性拟合方程的拟合度较好,拟合度分别为 0.551 和 0.620;而水体透明度与 DO、pH、EC、v、$NH_3\text{-}N$ 和 $NO_3\text{-}N$ 的拟合度较差,其拟合度分别为 0.224、0.458、0.382、0.235、0.245 和 0.313。由图 7-5 可知,眉湖水体透明度受到 BOD_5 和 H 的影响要比受到 DO、pH、EC、v、$NH_3\text{-}N$ 和 $NO_3\text{-}N$ 的影响要大。BOD_5 为溶解性有机物,在一定程度上能够吸收光线而使透明度降低;$NH_3\text{-}N$ 和 $NO_3\text{-}N$ 为眉湖水体中不同氮元素的形态,在一定程度上能够影响藻类的生长繁殖,进一步地影响水体透明度;水深和流速是水动力因子,其变化也间接影响了水体透明度的大小;DO 增大促进了水体的自净能力,使水体透明度增大;在 pH 升高的条件下,水体中负离子呈现优势,颗粒物质易形成胶体,透明度呈现下降的趋势。

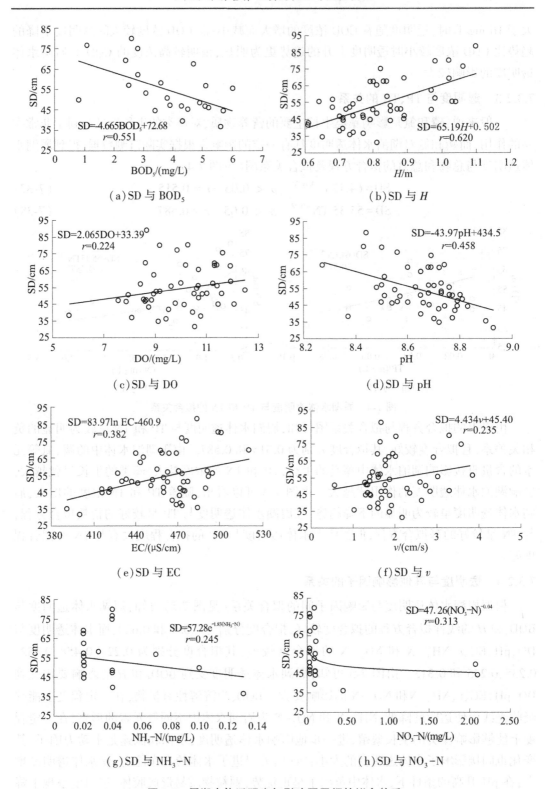

（a）SD 与 BOD₅

（b）SD 与 H

（c）SD 与 DO

（d）SD 与 pH

（e）SD 与 EC

（f）SD 与 v

（g）SD 与 NH₃-N

（h）SD 与 NO₃-N

图 7-5　眉湖水体透明度与影响因子间的拟合关系

7.3.3 水体透明度与影响因子的多元回归方程

由表 7-3 可知,总体上来说,眉湖水体透明度与浊度、Chl-a、PYT、COD 和 TN 都呈现显著性相关,且相关系数也相对较大。眉湖水体透明度与以上五个影响因子进行多元线性回归分析可得各因子和常量的非标准系数及显著性见表 7-4。

表 7-4 常量和五个影响因子的非标准系数及显著性

项目	常量	浊度/NTU	Chl-a/(μg/L)	PYT/(cell/mL)	COD/(mg/L)	TN/(mg/L)
非标准化系数	85.616	0.032	−0.341	−0.001	−0.806	−12.876
显著性	0	0.127	0.584	0.842	0.034	0.001

注:回归方程的相关系数 $R^2 = 0.704$。

由表 7-4 可知,浊度、Chl-a 和 PYT 的显著性大小分别为 0.127、0.584 和 0.842,都大于 0.05,说明其显著性不太明显,但 PYT 的显著性最大,故回归方程受到 PYT 的影响较大,因此将 PYT 舍弃之后再进行多元线性回归分析。

另外,根据眉湖水体透明度与各单因子间的拟合关系,对浊度、Chl-a、COD 和 TN 数据进行处理后再进行多元线性回归分析,得到数据处理前和处理后不同的多元线性拟合方程。其各因子和常量的非标准系数及显著性如表 7-5 所示。

表 7-5 常量和四个影响因子的非标准系数和显著性

	SD/cm	常量	浊度(X)/NTU	Chl-a/(μg/L)	COD/(mg/L)	TN/(mg/L)	R^2
处理前	非标准化系数	85.422	0.03	−0.44	−0.785	−12.83	0.703
	显著性	0	0.089	0.222	0.027	0.001	
处理后	ln SD	常量	浊度开四次方($X^{1/4}$)	lg Chl-a	lg COD	TN	R^2
	非标准化系数	4.797	0.154	−0.362	−0.549	−0.259	0.717
	显著性	0	0.057	0.054	0.015	0	

由表 7-5 可得眉湖水体透明度与其影响因子间的多元回归方程为

$$\text{SD} = 85.422 + 0.03X - 0.44\text{Chl-a} - 0.785\text{COD} - 12.83\text{TN} \tag{7-39}$$

$$\ln \text{SD} = 4.797 + 0.154X^{1/4} - 0.362\lg \text{Chl-a} - 0.549\lg \text{COD} - 0.259\text{TN} \tag{7-40}$$

式中:SD 为水体透明度,cm;X 为浊度,NTU;Chl-a 为叶绿素 a 浓度,μg/L;COD 为化学需氧量,mg/L;TN 为总氮浓度,mg/L。

由表 7-5、式(7-39)和式(7-40)可知,各指标监测数据在处理前及处理后所拟合的多元线性回归方程的相关系数均相对较大,分别为 0.703 和 0.717,但监测数据处理后拟合方程的相关性较大。而由监测数据处理前多元线性回归分析可知,浊度和 Chl-a 的非标准化系数的显著性大小分别为 0.089 和 0.222,均大于 0.05,说明在此回归方程中浊度和 Chl-a 的非标准化系数的显著性不太明显;而由监测数据处理多元线性回归分析可知,浊度和 Chl-a 的非标准化系数的显著性大小分别为 0.057 和 0.054,虽然比 0.05 略大,但相对较接近 0.05,说明在此回归方程中浊度和 Chl-a 的非标准化系数的显著性较为明显。另外,根据数据处理前后回归标准化残差的标准 P-P 图(见图 7-6)可知,监测数据处理前进行多元线性回归分析得到的期望累积概率与观测累积频率的拟合程度比监测数据处理后进行多元线性回归分析得到的期望累积概率与观测累积频率的拟合程度差。综上可知,监测数据处理后所得到的多元线性回归方程比监测数据处理前所得到的多元线性回归方程更能够体现眉湖水体透明度与浊度、Chl-a、COD 和 TN 间的相互关系。

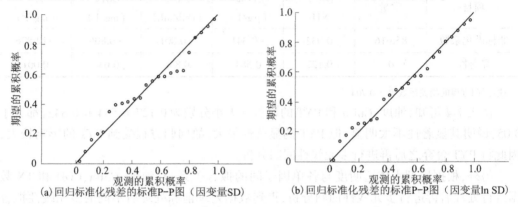

(a) 回归标准化残差的标准 P-P 图(因变量 SD)   (b) 回归标准化残差的标准 P-P 图(因变量 ln SD)

图 7-6　数据处理前后回归标准化残差的标准 P-P 图

由式(7-40)得到眉湖水体透明度与浊度、Chl-a、COD 和 TN 在数据处理后的多元线性回归方程拟合图(见图 7-7)。由图 7-7 可知,眉湖水体透明度实际的监测数据与拟合的数据趋势基本一致,说明得到的拟合方程在一定程度上能够表示各个指标间的相互关系。而由式(7-40)可知,随着浊度的增加,眉湖水体透明度呈现增大的趋势,而随着 Chl-a、COD 和 TN 的增大,眉湖水体透明度呈现减小的趋势。

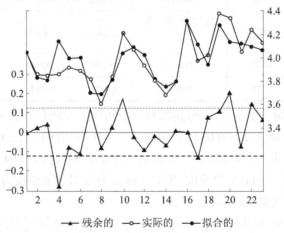

——▲—— 残余的　——○—— 实际的　——●—— 拟合的

图 7-7　监测数据处理后多元线性回归方程拟合图

7.4　基于透明度的富营养化模型构建

7.4.1　水动力学模型构建原理

在建立眉湖水动力学模型时,结合眉湖自身的条件和断面设置特点,将眉湖看作从断面 V 处入流到断面 I 处出流的一段小型河流,并通过一维圣维南方程组来模拟眉湖的水动力学特征,眉湖水动力模拟断面设置如图 7-8 所示。

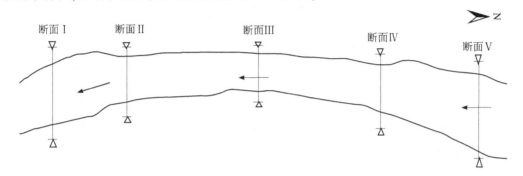

图 7-8　眉湖水动力模拟断面设置

圣维南方程组主要是描述浅层水体中渐变不恒定水流运动的偏微分方程组,其基本假定主要包括:流速沿整个过水断面均匀分布,不考虑水流垂直方向的交换和垂直重力加速度,从而假设水压力呈静水压分布;河床比降较小,倾角的正切值与正弦值近似相等;水流为渐变流动,水面曲线近似水平。而一维非恒定流水动力模型的构建实际上就是通过数值分析的方法来求解出圣维南方程组的过程。圣维南方程组的具体方程如下。

连续方程:

$$B_{\rm S} \frac{\partial h}{\partial t} + \frac{\partial Q}{\partial x} = q \tag{7-41}$$

动量方程:

$$\frac{\partial Q}{\partial t} + gA \frac{\partial h}{\partial x} + \frac{\partial}{\partial x}\left(\frac{\alpha Q^2}{A}\right) + \frac{gQ|Q|}{C^2 AR} = 0 \tag{7-42}$$

式中:x,t 分别为空间坐标和时间坐标;A,R 分别为各断面的过流面积和水力半径;Q,h 分别为各断面的断面流量和水位;$B_{\rm S}$ 为河宽;q 为旁侧入流量;C 为谢才系数,可由曼宁公式推求;g 为重力加速度;α 为垂向速度的分布系数,即 $\alpha = A/Q^2 \int_A u^2 \mathrm{d}A$,其中 u 为断面的平均流速。

7.4.2　水体富营养化模型构建原理

由于眉湖中藻类的生长与死亡受到环境因素的影响作用,为了准确地描述眉湖水体中藻类受到的影响因素的转化过程和分布规律,本书结合实际的监测数据,按照质量守恒的基本原理,研制了基于眉湖水体透明度的富营养化模型。该模型设置了 10 个水质变量,其主要包括藻类(PYT)、氨氮(NH_3-N)、硝酸盐氮(NO_3-N)、有机氮(ON)、总磷(TP)、溶解氧(DO)、化学需氧量(COD)、叶绿素(Chl-a)、透明度(SD)和浊度。另外,模型中还考虑到藻类的生长受到光照的影响,而透明度对光照衰减系数存在一定的影响作用,透明度又受到水体中相关水质指标的影响作用,结合各个指标间的相互关系,得到基于眉湖水体透明度的富营养化模型,其具体结构如图 7-9 所示。

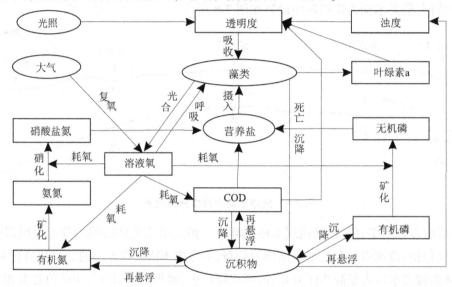

图 7-9 基于眉湖水体透明度富营养化模型结构

7.4.2.1 模型的基本方程

模型的基本方程是平移-扩散质量迁移方程,该方程能够描述任一水质指标的时间和空间的变化情况。在方程里除平移和扩散项外,还包括由生物、化学以及物理作用引起的源漏项 S。水质变量的基本方程如下:

$$\frac{\partial}{\partial t}(AC) = \frac{\partial}{\partial x}\left(-UAC + EA\frac{\partial C}{\partial x}\right) + AS \tag{7-43}$$

式中:x、t 分别为空间坐标和时间坐标;U 为断面的流速,m/s;C 为水质指标的浓度,mg/L;E 为河流的扩散系数,m^2/s;A 为断面的截面面积,m^2;S 为总源漏项,动力学反应速率,正为源、负为漏,$g/(m^3 \cdot d)$。

7.4.2.2 模型的源漏项

1.藻类的动力学子系统

藻类的动力学子系统在水体富营养化模型中占有重要的位置,它直接影响其他几个子系统,藻类的源漏项 S_1 可以由藻类生长率、衰减率及沉降率表示。

$$S_1 = (G_{P1} - D_{P1} - K_{S4}) \times \mathrm{PYT} \tag{7-44}$$

式中：G_{P1} 为藻类的生长率，d^{-1}；D_{P1} 为藻类的衰减率，d^{-1}；K_{S4} 为藻类的降解率，d^{-1}；PYT 为藻类在水体中的浓度，$\mathrm{cell/mL}$。

（1）藻类的生长率：在自然环境条件下，藻类的生长率 G_{P1} 是一个复杂的函数，该函数主要取决于水温、光照强度和营养物质浓度等 3 个环境因素。Ditoro 等（1975）根据实验分析结果，认为藻类的生长率 G_{P1} 可以表达为以上因素的乘积结果。

$$\begin{aligned} G_{P1} &= \text{最大生长率} \times \text{水温影响} \times \text{光照强度影响} \times \text{营养浓度影响} \\ &= G_{\max} \times G(T) \times G(I) \times G(N) \end{aligned} \tag{7-45}$$

$$G(T) = \frac{T}{T_{\mathrm{opi}}} \times \exp\left(1 - \frac{T}{T_{\mathrm{opi}}}\right) \tag{7-46}$$

$$G(I) = \frac{\mathrm{IL}}{\mathrm{IL}_{\mathrm{opi}}} \times \exp\left(1 - \frac{\mathrm{IL}}{\mathrm{IL}_{\mathrm{opi}}}\right) \tag{7-47}$$

$$\mathrm{IL} = \mathrm{IL}_0 e^{-\lambda h} \tag{7-48}$$

$$G(N) = \min\left(\frac{\mathrm{TN}}{K_{\mathrm{mn}} + \mathrm{TN}}, \frac{\mathrm{TP}}{K_{\mathrm{mp}} + \mathrm{TP}}\right) \tag{7-49}$$

式中：$G_{\max}$ 为藻类的最大生长率，d^{-1}；$G(T)$ 为水体温度调节因子，无量纲；$G(I)$ 为光照衰减因子，无量纲；$G(N)$ 为营养物质的限制因子，无量纲；T 为水体中的实际温度，$\mathrm{℃}$；T_{opi} 为藻类生长的最佳水温，$\mathrm{℃}$；IL 为水深 h 处的光照强度，klx；$\mathrm{IL}_{\mathrm{opi}}$ 为藻类生长的最佳光照强度，klx；IL_0 为水体表层的光照强度，klx；λ 为光照的衰减系数，无量纲；h 为水深，cm；TN 为水体中总氮的浓度，$\mathrm{mg/L}$；TP 为水体中总磷的浓度，$\mathrm{mg/L}$；K_{mn} 为藻类生长摄入氮的米氏常数，$\mathrm{mg/L}$；K_{mp} 为藻类生长摄入磷的米氏常数，$\mathrm{mg/L}$。

（2）藻类的衰减率：D_{P1} 主要是考虑了其自身的死亡和内源呼吸两方面的作用，即

$$D_{P1} = K_{1D} + K_{1R}\theta_{1R}^{(T-20)} \tag{7-50}$$

式中：K_{1D} 为藻类的死亡率，d^{-1}；K_{1R} 为藻类的呼吸率，d^{-1}；θ_{1R} 为藻类呼吸率的温度系数，无量纲；T 为水体温度，$\mathrm{℃}$。

（3）藻类的降解率：K_{S4} 的表达式为

$$K_{S4} = \frac{v_{S4}}{D} \tag{7-51}$$

式中：v_{S4} 为藻类的沉降速率，$\mathrm{m/d}$；D 为平均水深，m。

2. 氮循环子系统

氮循环子系统主要是从藻类等水生生物对水体中的有机氮的吸收开始，通过氨化反应释放出氨氮，再进一步地通过硝化作用产生硝酸盐氮，进而促进藻类的生长。其相互作用关系如下。

氨氮：

$$S_2 = K_{71}\theta_{71}^{(T-20)}\mathrm{ON} - K_{12}\theta_{12}^{(T-20)}\mathrm{NH}_3 + (D_{P1} - G_{P1}P_{\mathrm{NH}_3})a_{\mathrm{NC}}\mathrm{PYT} \tag{7-52}$$

硝酸盐氮：

$$S_3 = K_{12}\theta_{12}^{(T-20)}NH_3 - G_{P1}(1 - P_{NH_3})a_{NC}PYT \tag{7-53}$$

有机氮：

$$S_4 = D_{P1}a_{NC}PYT - K_{71}\theta_{71}^{(T-20)}ON \tag{7-54}$$

$$P_{NH_3} = NH_3\frac{NO_3}{(K_{mn} + NH_3)(K_{mn} + NO_3)} + NH_3\frac{K_{mn}}{(K_{mn} + NH_3)(K_{mn} + NO_3)} \tag{7-55}$$

式中：K_{71} 为有机氮的矿化系数，d^{-1}；θ_{71} 为矿化系数的温度系数，无量纲；K_{12} 为硝化系数，d^{-1}；θ_{12} 为硝化系数的温度系数，无量纲；a_{NC} 为藻类的氮碳比，无量纲。

3.磷循环子系统

磷循环子系统表现出在水体中磷对藻类生长的影响作用。

总磷：

$$S_5 = (D_{P1} - G_{P1})a_{PC}PYT \tag{7-56}$$

式中：a_{PC} 为藻类的磷碳比，无量纲。

4.溶解氧平衡子系统

COD：

$$S_6 = K_{1D}a_{OC}PYT - K_D\theta_D^{(T-20)}COD \tag{7-57}$$

溶解氧：

$$S_7 = K_a\theta_a^{(T-20)}(DO_S - DO) - K_D\theta_D^{(T-20)}COD - \alpha_3 K_{12}\theta_{12}^{(T-20)}NH_3 + (\alpha_1 G_{P1} - \alpha_2 D_{P1})PYT \tag{7-58}$$

式中：K_D 为耗氧系数，d^{-1}；θ_D 为耗氧系数的温度系数，无量纲；K_a 为复氧系数，d^{-1}；θ_a 为复氧系数的温度系数，无量纲；α_1 为藻类的光合作用产氧率，无量纲；α_2 为藻类的呼吸作用耗氧率，无量纲；α_3 为氨氮硝化作用时耗氧率，无量纲；a_{OC} 为藻类呼吸作用时的氧碳比，无量纲；DO_S 为饱和溶解氧，mg/L。

7.4.2.3 眉湖水体透明度与光照强度衰减系数间的关系分析

为了分析眉湖水体透明度与光照强度衰减系数间的相关关系，结合实验监测数据，在眉湖断面Ⅱ处监测了眉湖水体的透明度，水体表层的光照强度和水深 20 cm 处的光照强度具体监测值见表 7-6。

相关研究表明，水下光照强度的变化规律可用比尔定律来进行表示，即：

$$IL_h = IL_0 e^{-\lambda h} \tag{7-59}$$

式中：IL_0 为水下 1 cm 处的光照强度，klx；h 为水下深度，cm；IL_h 为水深 h 处的光照强度，klux；λ 为光照的衰减系数，无量纲，与水体透明度成反比。

表 7-6 水体透明度和光照强度监测值

系列	透明度/cm	透明度的倒数	1 cm 处光照强度/klx	20 cm 处光照强度/klx	光照强度衰减系数
1	36.70	0.027 25	8.09	3.47	0.042 28
2	50.00	0.020 00	17.75	9.07	0.033 55
3	46.30	0.021 60	11.05	5.17	0.037 95
4	31.30	0.031 95	11.70	3.94	0.054 40
5	35.70	0.028 01	5.65	1.98	0.052 44
6	47.00	0.021 28	26.65	13.00	0.035 89
7	47.30	0.021 14	46.05	23.00	0.034 71
8	45.30	0.022 08	53.35	24.95	0.038 00
9	48.70	0.020 53	27.90	14.05	0.034 30
10	37.30	0.026 81	10.23	4.42	0.041 95

由比尔定律计算出的水体中光照强度的衰减系数及水体透明度的倒数值(见表 7-6),通过相关性分析及拟合度检验可得二者间的拟合方程的拟合度为 0.89(见图 7-10),相对较大,能够说明水体透明度与光照强度衰减系数间的拟合关系。而水体透明度与光照强度衰减系数的拟合方程为

$$\lambda = \frac{1.708\ 42}{SD} - 0.000\ 56 \tag{7-60}$$

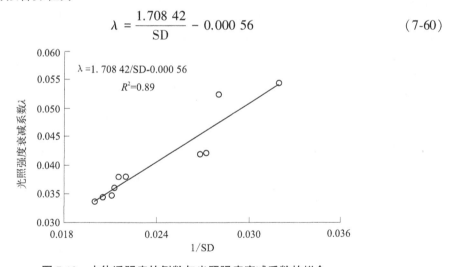

图 7-10 水体透明度的倒数与光照强度衰减系数的拟合

7.4.3 模型参数敏感性分析

参数的敏感性分析是水环境模型研发和不确定性研究的关键,对水文水质综合模型的构建及推广具有显著的意义,水体富营养化模型的机理较为复杂且参数比较多,同时参数的直接获取和确定的工作量较大,在不同的区域应用时相同参数影响的水平也会发生较大的变化,且影响模型的模拟结果。因此,模型参数的敏感性分析对于确定水体富营养化模型关键参数和调节模型效率具有重要的作用。

根据眉湖监测实验的相关水质资料,运行构建的水动力学模型及水体富营养化模型,选取参数的初始值作为基准值,对水体富营养化模型参数的敏感性进行分析检验,这主要体现在改变其中的一个参数,而其他参数保持不变的情况下,对比模型模拟结果的变化程度。水体富营养化模型的参数有 20 多个,对所选的参数进行模拟计算,得到水体富营养化模型模拟运行性能的贡献结果(见表 7-7),其中基准值是 5 月 28 日各参数的监测数据。

表 7-7　模型参数的敏感性分析结果

参数	变化趋势	藻类/(cell/mL)	变化率/%	参数	变化趋势	溶解氧/(mg/L)	变化率/%
基准值		2 658		基准值		8.37	
藻类生长摄入氮的米氏常数	增大	2 636	−0.828	复氧系数	增大	8.364 9	−0.061
	减小	2 658	0		减小	8.373 1	0.037
藻类生长摄入磷的米氏常数	增大	2 580	−2.935	复氧系数的温度系数	增大	8.322 3	−0.570
	减小	2 780	4.590		减小	8.374 1	0.049
藻类的死亡率	增大	2 609	−1.843	光合作用的产氧率	增大	8.388 0	0.215
	减小	2 709	1.919		减小	8.361 1	−0.106
藻类的呼吸率	增大	2 577	−3.047	呼吸作用的耗氧率	增大	8.356 6	−0.160
	减小	2 688	1.129		减小	8.379 0	0.108
呼吸率的温度系数	增大	2 428	−8.653	硝化作用的耗氧率	增大	8.369 5	−0.006
	减小	2 689	1.166		减小	8.370 4	0.005
藻类的沉降速率	增大	2 574	−3.160				
	减小	2 687	1.091				

参数	变化趋势	氨氮/(mg/L)	变化率/%	硝酸盐氮/(mg/L)	变化率/%	有机氮/(mg/L)	变化率/%
基准值		0.023 8		0.017 6		1.031 5	
硝化系数	增大	0.023 0	−3.361	0.018 4	4.545	1.031 5	0
	减小	0.024 0	0.840	0.017 5	−0.568	1.031 5	0
硝化系数的温度系数	增大	0.022 4	−5.882	0.019 0	7.955	1.031 5	0
	减小	0.024 0	0.840	0.017 5	−0.568	1.031 5	0
有机氮的矿化系数	增大	0.027 4	15.126	0.017 7	0.568	1.027 9	−0.349
	减小	0.021 7	−8.824	0.017 6	0	1.037 7	0.601
矿化系数的温度系数	增大	0.027 5	15.546	0.017 7	0.568	1.027 8	−0.359
	减小	0.021 9	−7.983	0.017 6	0	1.033 5	0.194
藻类的氮碳比	增大	0.022 8	−4.202	0.016 8	−4.545	1.032 4	0.087
	减小	0.024 5	2.941	0.018 2	3.409	1.030 9	−0.058

续表 7-7

参数	变化趋势	COD/（mg/L）	变化率/%	参数	变化趋势	总磷/（mg/L）	变化率/%
基准值		31.191 8		基准值		0.049 2	
耗氧系数	增大	29.753	−4.613	藻类的磷碳比	增大	0.047 5	−3.455
	减小	31.473 8	0.904		减小	0.049 9	1.423
耗氧系数的温度系数	增大	28.404 8	−8.935				
	减小	31.491 9	0.962				
呼吸作用的氧碳比	增大	31.246 1	0.174				
	减小	31.178 2	−0.044				

由表 7-7 可以看出,使藻类生长最敏感的模型参数是藻类呼吸率的温度系数,呼吸率的温度系数增大和减少,使得藻类含量在−8.653%和 1.166%之间波动;其次藻类生长对摄入磷的米氏常数也比较敏感,藻类生长摄入磷的米氏常数的增加和减少使得藻类含量在−2.935%和 4.590%之间变化;而藻类生长受到藻类死亡率、呼吸率和沉降速率的影响也较为敏感,它们增加和减少使得藻类含量分别在−1.843%和 1.919%、−3.047%和 1.129%、−3.160%和 1.091%之间波动;同时可以看出,藻类生长对其摄入氮的米氏常数的敏感性相对较差。

在氮循环中,有机氮的矿化系数和矿化系数的温度系数是对氨氮影响较大的敏感参数,它们的增大和减少,使氨氮浓度分别在 15.126%和−8.824%、15.546%和−7.983%之间变化;其次对氨氮比较敏感的模型参数是硝化系数、硝化系数的温度系数以及藻类的氮碳比,它们的增大和减小,使得氨氮浓度分别在−3.361%和 0.840%、−5.882%和 0.840%、−4.202%和 2.941%之间波动。而硝化系数、硝化系数的温度系数以及藻类的氮碳比是对硝酸盐氮较为敏感的模型参数,它们的增大和减少,使得硝酸盐氮浓度分别在 4.545%和−0.568%、7.955%和−0.568%、−4.545%和 3.409%之间变化。对于有机氮来说,有机氮的矿化系数和矿化系数的温度系数是其较为敏感的参数,它们的增大和减少,使得有机氮浓度基本上在−0.349%和 0.601%、−0.359%和 0.194%之间波动。

在溶解氧平衡系统中,对溶解氧浓度变化具有相对较大敏感性的参数是复氧系数的温度系数,使溶解氧浓度在−0.570%和 0.049%的范围内变化;而复氧系数、光合作用的产氧率、呼吸作用的耗氧率和硝化作用的耗氧率等参数对溶解氧浓度变化的敏感性相对较差。耗氧系数和耗氧系数的温度系数对 COD 浓度变化的敏感性相对较大,它们的增大和减少,使得 COD 浓度分别在−4.613%和 0.904%、−8.935%和 0.962%之间波动;而呼吸作用的氧碳比对 COD 浓度变化的敏感性相对较差。在磷循环中,总磷对其模型参数藻类的磷碳比也较为敏感,藻类的磷碳比增大和减小,使总磷的浓度在−3.455%和 1.423%的范围内变化。

7.4.4 模型参数率定与验证

7.4.4.1 水动力学模型参数率定与验证

考虑眉湖水动力学模型参数率定,主要是通过调整眉湖湖底粗糙度和阻力系数来拟合各监测断面的流量和水位。通过监测眉湖水体流量和水位等实测资料,选取不同的湖底粗糙度和阻力系数,并设定监测断面V为入流断面,监测断面 I 为出流断面,进一步模拟眉湖各个监测断面的流量和水位值。通过模型率定,当设定眉湖湖底粗糙度和阻力系数分别为 0.024 和 0.6 时,眉湖各监测断面的流量和水位的模拟结果比较理想。眉湖水动力学模型率定精度如表 7-8 所示,各断面模型模拟验证结果如图 7-11 和图 7-12 所示。

表 7-8 眉湖水动力学模型率定精度 　　　　　　　　　　　　　　　　%

水动力条件	相对误差	监测断面 I	监测断面 II	监测断面 III	监测断面 IV	监测断面 V
流量	相对误差平均值	8.52	11.63	18.16	19.80	8.16
	最大相对误差	14.46	16.12	26.87	28.50	16.24
水位	相对误差平均值	2.77	2.96	4.24	3.20	3.57
	最大相对误差	6.70	5.80	12.91	4.78	7.56

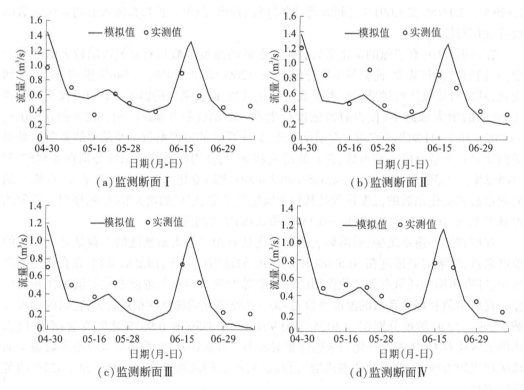

图 7-11 眉湖水动力学模型流量模拟结果验证

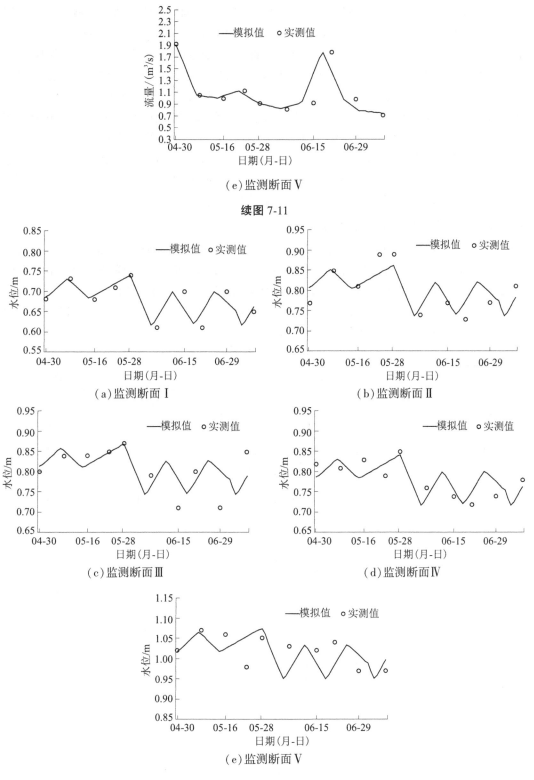

（e）监测断面Ⅴ

续图 7-11

（a）监测断面 Ⅰ

（b）监测断面 Ⅱ

（c）监测断面Ⅲ

（d）监测断面Ⅳ

（e）监测断面Ⅴ

图 7-12　眉湖水动力学模型水位模拟结果验证

由表7-8可知,对于流量,眉湖水动力学模型在监测断面Ⅰ~Ⅴ模拟值与实测值的相对误差的平均值分别为8.52%、11.63%、18.16%、19.80%、8.16%,相对较小,且监测断面Ⅰ和监测断面Ⅴ的相对误差平均值比监测断面Ⅱ、监测断面Ⅲ和监测断面Ⅳ的相对误差平均值要小,说明监测断面Ⅰ和监测断面Ⅴ模拟结果的精度比监测断面Ⅱ、监测断面Ⅲ和监测断面Ⅳ模拟结果的精度要好。另外,监测断面Ⅰ~Ⅴ模拟值与实测值的最大相对误差分别为14.46%、16.12%、26.87%、28.50%、16.24%。对于水位,湖水动力学模型在监测断面Ⅰ~Ⅴ模拟值与实测值的相对误差的平均值分别为2.77%、2.96%、4.24%、3.20%、3.57%,它们的相对误差平均值较小;而监测断面Ⅰ~Ⅴ模拟值与实测值的最大相对误差分别为6.70%、5.80%、12.91%、4.78%、7.56%。通过以上对模型模拟眉湖各监测断面流量和水位的相对误差分析,该模型模拟的精度较好,其结果可以表示眉湖各监测断面水动力条件的变化趋势。

7.4.4.2 富营养化模型参数率定与验证

基于水体透明度的富营养化模型采用4—7月在眉湖5个监测断面10次的监测数据,以上节水动力学模型模拟结果为基础,对眉湖水质监测数据进行模型参数率定。在模型参数率定过程中,以4月30日各监测断面的实测资料作为初始条件,富营养化模型的时间步长设定为1 d,通过模型参数的调整,对模拟值和实测值进行对比分析,得到模拟效果较好时的模型参数值,具体如表7-9所示。

表 7-9 眉湖水体富营养化模型的参数项

符号	含义	单位	数值
G_{max}	藻类的最大生长率	d^{-1}	2.6
T_{opi}	藻类生长的最佳水温	℃	25
L_{opi}	藻类生长的最佳光照强度	klx	43.01
K_{mn}	藻类生长摄入氮的米氏常数	mg/L	0.3
K_{mp}	藻类生长摄入磷的米氏常数	mg/L	0.03
K_{1D}	藻类的死亡率	d^{-1}	0.5
K_{1R}	藻类的呼吸率	d^{-1}	0.15
θ_{1R}	呼吸率的温度系数	—	1.1
v_{S4}	藻类的沉降速率	m/d	0.2
K_{12}	硝化系数	d^{-1}	0.09
θ_{12}	硝化系数的温度系数	—	1.08
K_{71}	有机氮的矿化系数	d^{-1}	0.04
θ_{71}	矿化系数的温度系数	—	1.03
a_{PC}	藻类的磷碳比	—	0.01
a_{NC}	藻类的氮碳比	—	0.08
K_D	耗氧系数	d^{-1}	0.15

续表 7-9

符号	含义	单位	数值
θ_D	耗氧系数的温度系数	—	1.047
K_a	复氧系数	d^{-1}	0.4
θ_a	复氧系数的温度系数	—	1.03
α_1	藻类的光合作用产氧率	—	1
α_2	藻类的呼吸作用耗氧率	—	1.5
α_3	氨氮硝化作用时的耗氧率	—	3
a_{OC}	藻类呼吸作用时的氧碳比	—	2
DO_S^*	饱和溶解氧	mg/L	
D^*	平均水深	m	

注: * 表示该项为非恒定值。

在对富营养化模型率定的基础上,进一步对模型模拟结果精度及模拟效果进行分析。眉湖水体富营养化模型结果率定精度如表 7-10 所示。对于 PYT,监测断面Ⅰ模拟结果的相对误差平均值为 5.65%,最大相对误差为 19.05%;监测断面Ⅱ模拟结果的相对误差平均值为 5.46%,最大相对误差为 12.55%;监测断面Ⅲ模拟结果的相对误差平均值为 7.40%,最大相对误差为 19.33%;监测断面Ⅳ模拟结果的相对误差平均值为 7.35%,最大相对误差为 13.75%;监测断面Ⅴ模拟结果的相对误差平均值为 9.78%,最大相对误差为 25.72%。对于 COD,监测断面Ⅰ模拟结果的相对误差平均值为 9.63%,最大相对误差为 16.67%;监测断面Ⅱ模拟结果的相对误差平均值为 6.89%,最大相对误差为 10.00%;监测断面Ⅲ模拟结果的相对误差平均值为 5.37%,最大相对误差为 6.48%;监测断面Ⅳ模拟结果的相对误差平均值为 7.27%,最大相对误差为 11.18%;监测断面Ⅴ模拟结果的相对误差平均值为 20.03%,最大相对误差为 29.83%。

表 7-10　眉湖水体富营养化模型率定精度　　　　　　　　　　%

水质指标	相对误差	断面Ⅰ	断面Ⅱ	断面Ⅲ	断面Ⅳ	断面Ⅴ
PYT	相对误差平均值	5.65	5.46	7.40	7.35	9.78
	最大相对误差	19.05	12.55	19.33	13.75	25.72
COD	相对误差平均值	9.63	6.89	5.37	7.27	20.03
	最大相对误差	16.67	10.00	6.48	11.18	29.83
TN	相对误差平均值	5.53	4.96	11.02	6.28	14.17
	最大相对误差	8.79	14.35	20.27	9.18	24.99
TP	相对误差平均值	3.62	9.35	8.29	7.72	16.00
	最大相对误差	6.67	28.71	13.33	12.50	25.00

水质指标	相对误差	断面Ⅰ	断面Ⅱ	断面Ⅲ	断面Ⅳ	断面Ⅴ
SD	相对误差平均值	10.19	14.15	8.48	7.83	14.06
	最大相对误差	21.54	29.02	20.39	17.03	28.17
Chl-a	相对误差平均值	6.65	5.20	10.80	9.02	13.16
	最大相对误差	11.64	12.61	20.15	19.91	26.65

对于 TN,监测断面Ⅰ模拟结果的相对误差平均值为5.53%,最大相对误差为8.79%;监测断面Ⅱ模拟结果的相对误差平均值为4.96%,最大相对误差为14.35%;监测断面Ⅲ模拟结果的相对误差平均值为11.02%,最大相对误差为20.27%;监测断面Ⅳ模拟结果的相对误差平均值为6.28%,最大相对误差为9.18%;监测断面Ⅴ模拟结果的相对误差平均值为14.17%,最大相对误差为24.99%。对于 TP,监测断面Ⅰ模拟结果的相对误差平均值为3.62%,最大相对误差为6.67%;监测断面Ⅱ模拟结果的相对误差平均值为9.35%,最大相对误差为28.71%;监测断面Ⅲ模拟结果的相对误差平均值为8.29%,最大相对误差为13.33%;监测断面Ⅳ模拟结果的相对误差平均值为7.72%,最大相对误差为12.50%;监测断面Ⅴ模拟结果的相对误差平均值为16.00%,最大相对误差为25.00%。对于 SD,监测断面Ⅰ模拟结果的相对误差平均值为10.19%,最大相对误差为21.54%;监测断面Ⅱ模拟结果的相对误差平均值为14.15%,最大相对误差为29.02%;监测断面Ⅲ模拟结果的相对误差平均值为8.48%,最大相对误差为20.39%;监测断面Ⅳ模拟结果的相对误差平均值为7.83%,最大相对误差为17.03%;监测断面Ⅴ模拟结果的相对误差平均值为14.06%,最大相对误差为28.17%。对于 Chl-a,监测断面Ⅰ模拟结果的相对误差平均值为6.65%,最大相对误差为11.64%;监测断面Ⅱ模拟结果的相对误差平均值为5.20%,最大相对误差为12.61%;监测断面Ⅲ模拟结果的相对误差平均值为10.80%,最大相对误差为20.15%;监测断面Ⅳ模拟结果的相对误差平均值为9.02%,最大相对误差为19.91%;监测断面Ⅴ模拟结果的相对误差平均值为13.16%,最大相对误差为26.65%。

从以上分析可以看出,PYT、COD、TN、TP、SD和Chl-a各监测断面的相对误差平均值和最大相对误差均相对较小,在合理的范围之内,说明模型对各监测断面 PYT、COD、TN、TP、SD和Chl-a的模拟结果符合眉湖的实际情况,即眉湖水体富营养化模型模拟精度整体较高,能够说明眉湖各水质参数的变化趋势。

将通过水体富营养化模型得到各监测断面 PYT、COD、TN、TP、SD和Chl-a的模拟值进行检验,得到各监测断面不同水质指标模拟值与实测值的拟合图,如图7-13～图7-18所示。从图7-13～图7-18中可以看出,眉湖水体富营养化模型计算出的各监测断面 PYT、COD、TN、TP、SD和Chl-a的模拟值与实测值变化趋势拟合得较好。

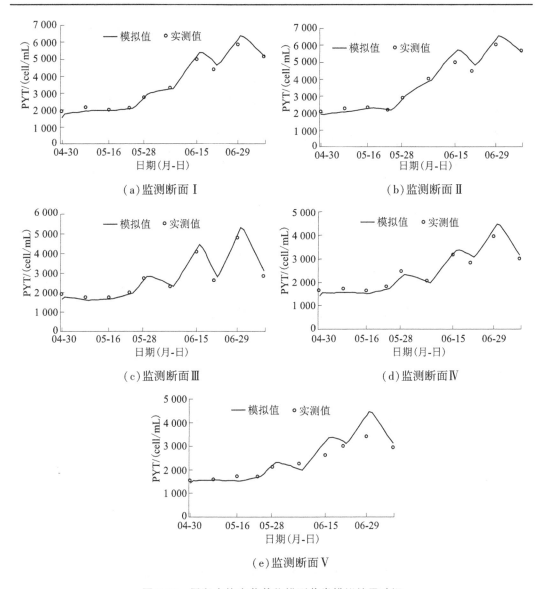

图 7-13　眉湖水体富营养化模型藻类模拟结果验证

从图 7-13 可知,整体上各监测断面 PYT 含量随时间呈现增长的趋势,且在 5 月变化较为平稳,6 月呈现较大的波动状态,而从各监测断面污染物浓度的模拟结果可知,6 月污染物浓度比 5 月污染物浓度要高,说明水体污染物浓度较大时有助于 PYT 的生长。6 月监测断面 Ⅰ、Ⅱ、Ⅲ 的 PYT 含量明显比监测断面 Ⅳ 和 Ⅴ 的 PYT 含量高,在监测断面 Ⅰ 处水体受到喷泉的影响较大,喷泉开启时对监测断面 Ⅰ 处的扰动大,一方面扰动底泥使水体中的营养物质增加促进了藻类的生长,另一方面增加了水体的含氧量为藻类生长创造了有利条件;由于监测断面 Ⅱ 处圈养了禽类和观赏鱼类,投放饲料和食物较多,从而使水体受到严重污染,加快了藻类的生长;监测断面 Ⅲ 位于湖中心位置,水体流通性较差,故水质条件受到影响进而增加了藻类的含量;而监测断面 Ⅳ 和 Ⅴ 处的水质条件较好且具有大量的水生植物,故藻类的生长受到了一定的限制。

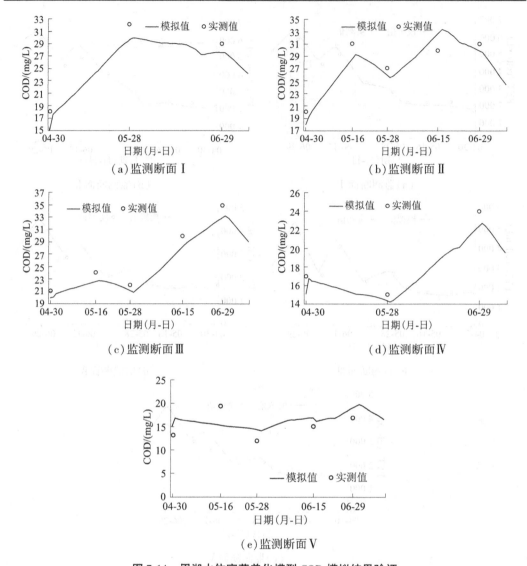

图 7-14 眉湖水体富营养化模型 COD 模拟结果验证

从图 7-14 可知，监测断面 I 处 COD 浓度整体上呈现出先增加后逐步降低的趋势，在 5 月 28 日 COD 浓度达到最大，这可能是由于 5 月 28 日时监测断面 I 处的喷泉未开启，使得底泥对 COD 的降解作用强于吸附作用，故水体 COD 浓度增加；而 5 月 28 日前后由于监测断面 I 处喷泉开启，断面 I 处的底泥受到扰动，使得底泥对 COD 的吸附作用强于降解作用，故水体 COD 浓度降低。监测断面 II 处由于受到投放饵料和食物的影响，其 COD 浓度呈现出波动状态。监测断面 III 和 IV 处的 COD 浓度整体上呈现出先略微降低而后增加的趋势，且监测断面 III 处的 COD 浓度整体上比监测断面 IV 处的 COD 浓度大，这可能是由于监测断面 IV 处有水生植物，水体有自净的能力，而监测断面 III 处水体流动缓慢，使水体恶化导致 COD 浓度较高。监测断面 V 处的 COD 浓度整体上保持平稳的状态，这可能是由于此处有大量的水生植物，水体自净能力较强，使 COD 浓度一直处于稳定状态。

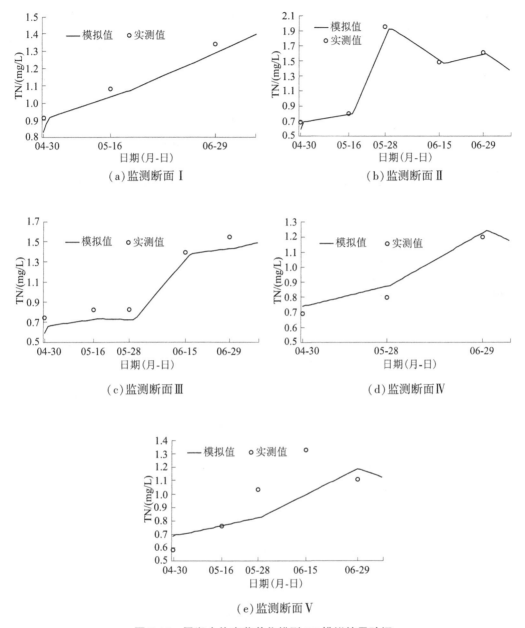

图 7-15　眉湖水体富营养化模型 TN 模拟结果验证

从图 7-15 可知,监测断面 Ⅰ、Ⅲ、Ⅳ、Ⅴ 处的 TN 浓度的模拟结果呈现出增加的趋势,而监测断面 Ⅱ 处的 TN 浓度的模拟结果呈现出先增加后减小的波动趋势,且整体上监测断面 Ⅱ 处的 TN 浓度比其他监测断面的 TN 浓度要高,这可能是由于监测断面 Ⅱ 处圈养了禽类和观赏鱼类,投放饵料和食物较多,且投放的时间不定,使得水体中 TN 浓度的变化较大。

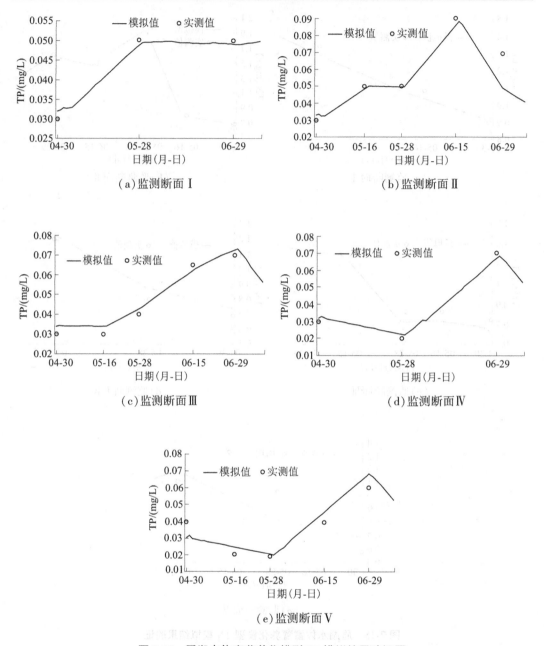

图 7-16 眉湖水体富营养化模型 TP 模拟结果验证图

从图 7-16 可知,监测断面 I 处的 TP 浓度呈现出先增加后趋于平稳的趋势;监测断面 II 处的 TP 浓度呈现先增大后减小的趋势,这可能是由于监测断面 II 处投放饵料和食物较多使得水体中 TP 浓度的变化较大;监测断面 III 处的 TP 浓度呈现增加的趋势,而在 6 月 29 日后出现下降趋势,这可能是由于 6 月 29 日前后出现雨水使得 TP 浓度有所下降;监测断面 IV 和 V 处的 TP 浓度呈现先减小后增加的趋势,并在 6 月 29 日后出现明显的下降趋势。

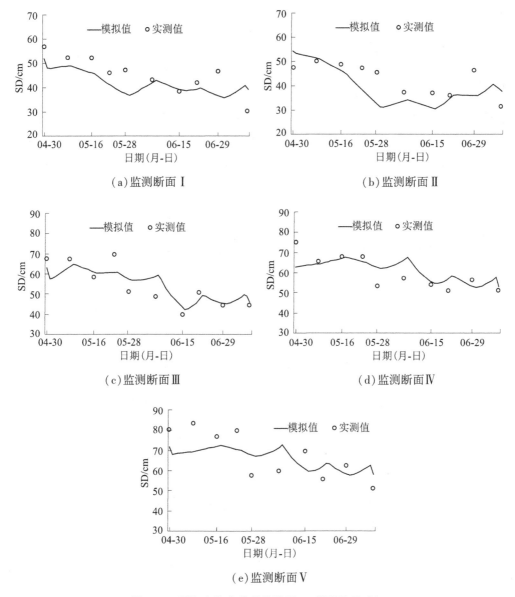

图 7-17 眉湖水体富营养化模型 SD 模拟结果验证

从图 7-17 可知,监测断面 I、III、IV、V 处的 SD 整体上呈现减小的趋势,而监测断面 II 处的 SD 呈现出先减小后增加的趋势。

从图 7-18 可知,整体上各监测断面 Chl-a 的含量随时间呈现增长的趋势。6 月监测断面 I、II、III 的 Chl-a 含量明显比监测断面 IV 和 V 的 Chl-a 含量高,在监测断面 I 处水体受到喷泉的影响较大,喷泉开启时对监测断面 I 处的扰动大,而扰动的底泥使水体中的营养物质增加促进了 Chl-a 含量的增加;监测断面 II 处圈养了禽类和观赏鱼类,投放饵料和食物较多,使水体受到严重污染加快了 Chl-a 含量的增加;监测断面 III 位于湖中心位置,水体流通性较差,故水质条件受到影响进而增加了 Chl-a 的含量;而监测断面 IV 和 V 处的水质条件较好且具有大量的水生植物,水体的自净能力较强,故使 Chl-a 在水体中的含量受到了一定的限制。

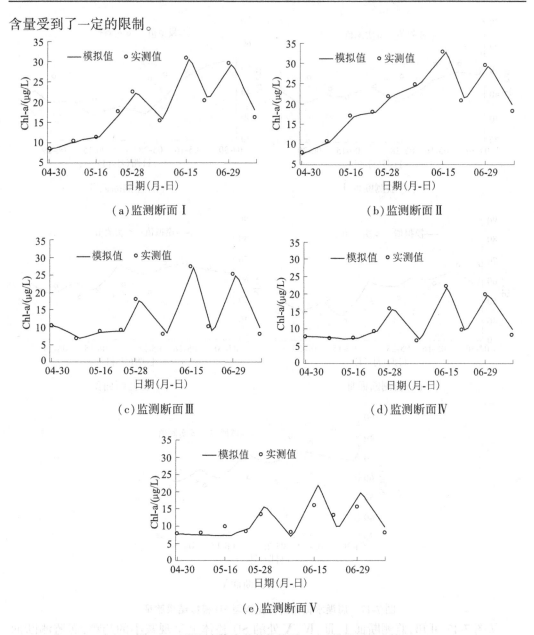

图 7-18　眉湖水体富营养化模型 Chl-a 模拟结果验证

7.5　不同光盐条件下藻类生长模拟分析

在建立眉湖基于水体透明度水体富营养化的基础上,为了分析不同影响因子特别是光盐因子变化对水体藻类生长的影响作用,以眉湖监测断面Ⅱ为研究区域,模拟不同情境下各影响因子对藻类生长的影响,得到各影响因子以及不同组合情境下对藻类生长的变化规律。

7.5.1　光照强度变化对藻类生长的模拟分析

为了分析光照强度变化对眉湖水体中藻类生长的影响作用,将光照强度设定为原始光照强度的 50%、原始光照强度、原始光照强度的 1.5 倍、原始光照强度的 2.5 倍 4 种情况,以 4 种光照强度大小作为基于水体透明度水体富营养化模型的输入光照条件,而其他因子保持不变,得到 4 种光照强度下眉湖水体中藻类生长的模拟结果,如图 7-19 所示。

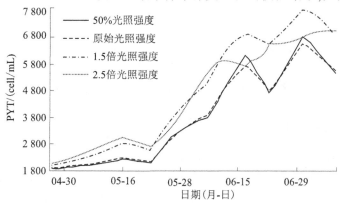

图 7-19　不同光照强度下藻类生长模拟结果

从图 7-19 可以看出,4 种不同光照强度下眉湖水体中藻类生长的变化趋势基本一致。当光照强度缩小到原始光照强度的 50% 时,整体上藻类含量比原始光照强度下的藻类含量略低;当光照强度为原始光照强度的 1.5 倍和 2.5 倍时,整体上藻类含量比原始光照强度下的藻类含量高;而当光照强度达到原始光照强度的 2.5 倍时,其藻类含量出现了比光照强度为原始光照强度的 1.5 倍时的藻类含量低的情况。根据以上分析可知,光照强度降低时对藻类生长具有一定的抑制作用,当光照强度增大时对藻类生长具有一定的促进作用,而当光照强度增大到一定程度时,光照强度又对藻类生长呈现出了抑制现象。

7.5.2　水体透明度变化对藻类生长的模拟分析

为了分析水体透明度变化对眉湖水体中藻类生长的影响作用,将水体透明度设定为原始水体透明度的 50%、原始水体透明度、原始水体透明度的 1.5 倍 3 种情况,以 3 种水体透明度大小作为基于水体透明度水体富营养化模型的输入水体透明度条件,而其他因子保持不变,得到 3 种水体透明度下眉湖水体中藻类生长的模拟结果,如图 7-20所示。

从图 7-20 可以看出,3 种不同水体透明度下眉湖水体中藻类生长的变化趋势基本一致。当水体透明度缩小到原始监测水体透明度的 50% 时,整体上藻类含量比原始监测水体透明度下的藻类含量高;当水体透明度为原始水体透明度的 1.5 倍时,整体上藻类含量比原始水体透明度下的藻类含量低。根据以上分析可知,水体透明度降低时说明水体中的各类营养物质以及悬浮物的含量较多,因此对藻类生长具有一定的促进作用;而当水体透明度增大时说明水体中的各类营养物质以及悬浮物的含量较少,因此对藻类生长具有一定的抑制作用。

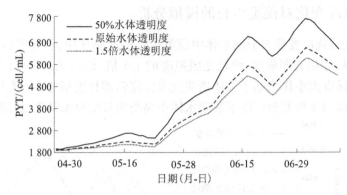

图 7-20　不同水体透明度下藻类生长模拟结果

7.5.3　营养盐变化对藻类生长的模拟分析

为了探析营养盐(TN、TP)浓度变化对眉湖水体中藻类生长的影响作用,将营养盐(TN、TP)浓度设定为原始营养盐(TN、TP)浓度、原始营养盐(TN、TP)浓度的 2 倍、原始营养盐(TN、TP)浓度的 3 倍和原始营养盐(TN、TP)浓度的 4 倍四种情况,以 4 种营养盐(TN、TP)浓度作为水体透明度水体富营养化模型的营养盐(TN、TP)的输入条件,而其他因子保持不变,得到 4 种营养盐(TN、TP)浓度下眉湖水体中藻类生长的模拟结果,如图 7-21和图 7-22 所示。

从图 7-21 中可以看出,4 种不同 TN 浓度下眉湖水体中藻类生长的变化趋势基本一致。当 TN 浓度为原始 TN 浓度的 2 倍时,整体上藻类含量比原始 TN 浓度下的藻类含量高;当 TN 浓度为原始 TN 浓度的 3 倍时,整体上藻类含量比原始 TN 浓度和原始 TN 浓度的 2 倍时的藻类含量都高;当 TN 浓度为原始 TN 浓度的 4 倍时,虽然整体上藻类含量比原始 TN 浓度时的藻类含量略高,但比原始 TN 浓度的 3 倍时的藻类含量明显偏低。因此,在营养盐 TN 浓度增大到一定的范围时,对藻类的生长具有促进作用,而当营养盐 TN 浓度增大超出一定的范围时,对藻类的生长呈现出一定的抑制作用。

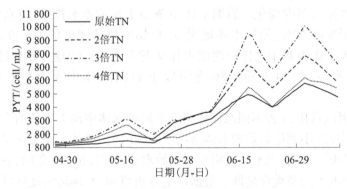

图 7-21　不同 TN 浓度下藻类生长模拟结果

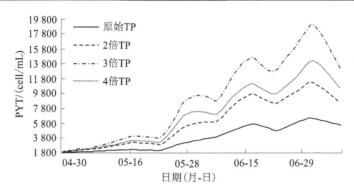

图 7-22　不同 TP 浓度下藻类生长模拟结果

从图 7-22 可以看出,4 种不同 TP 浓度下眉湖水体中藻类生长的变化趋势基本一致。当 TP 浓度为原始 TP 浓度的 2 倍时,整体上藻类含量比原始 TP 浓度下的藻类含量高;当 TP 浓度为原始 TP 浓度的 3 倍时,整体上藻类含量比原始 TP 浓度和原始 TP 浓度的 2 倍时的藻类含量都高;当 TP 浓度为原始 TP 浓度的 4 倍时,虽然整体上藻类含量比原始 TP 浓度时的藻类含量略高,但比原始 TP 浓度的 3 倍时的藻类含量明显偏低。因此,在营养盐 TP 浓度增大到一定的范围时,对藻类的生长具有促进作用,而当营养盐 TP 浓度增大超出一定的范围时,对藻类的生长呈现出一定的抑制作用。

另外,结合图 7-21 和图 7-22 可知,同等放大原始营养盐浓度,对眉湖水体中藻类生长进行模拟,TP 浓度变化对藻类生长的影响作用要比 TN 浓度变化对藻类生长的影响作用大,说明眉湖水体中促进藻类生长的主要营养盐是 TP。

7.5.4　光盐交互对藻类驱动作用分析

为了分析光盐组合变化对眉湖水体中藻类生长的影响作用,采用正交设计和情景模拟相结合的方式来研究光照强度和营养盐条件变化对藻类生长的驱动效果。正交设计是一种研究多因素影响的试验设计方法,它是从全面试验中挑选出部分有代表性的因素组合来进行试验分析,其特点是仅通过少数代表性很强的试验即可摸清各因子对试验结果的影响程度,筛选出较好的试验条件组合。为了描述光盐因子交互作用下藻类的生长规律,分别设定原始光照强度的 50%、1 倍、1.5 倍和 2 倍四种情况,TN 或 TP 为原始数据的 1 倍、2 倍、3 倍和 4 倍 4 种情况,进而根据正交试验设计原理,得到在 3 个因素(光照强度、TP 浓度和 TN 浓度)、4 个不同水平条件下的 16 组光盐条件组合情景(见表 7-11)。

表 7-11　光盐因子交互影响情景设计

情景	光照强度/klx	TP/(mg/L)	TN/(mg/L)	情景	光照强度/klx	TP/(mg/L)	TN/(mg/L)
情景 1	50%/22.4	1 倍/0.056	1 倍/1.36	情景 9	1.5 倍/67.2	1 倍/0.056	3 倍/4.08
情景 2	50%/22.4	2 倍/0.112	2 倍/2.72	情景 10	1.5 倍/67.2	2 倍/0.112	4 倍/5.44
情景 3	50%/22.4	3 倍/0.168	3 倍/4.08	情景 11	1.5 倍/67.2	3 倍/0.168	1 倍/1.36
情景 4	50%/22.4	4 倍/0.224	4 倍/5.44	情景 12	1.5 倍/67.2	4 倍/0.224	2 倍/2.72

续表7-11

情景	光照强度/ klx	TP/ （mg/L）	TN/ （mg/L）	情景	光照强度/ klx	TP/ （mg/L）	TN/ （mg/L）
情景5	1倍/44.8	1倍/0.056	2倍/2.72	情景13	2倍/89.6	1倍/0.056	4倍/5.44
情景6	1倍/44.8	2倍/0.112	1倍/1.36	情景14	2倍/89.6	2倍/0.112	3倍/4.08
情景7	1倍/44.8	3倍/0.168	4倍/5.44	情景15	2倍/89.6	3倍/0.168	2倍/2.72
情景8	1倍/44.8	4倍/0.224	3倍/4.08	情景16	2倍/89.6	4倍/0.224	1倍/1.36

注：各指标均用"倍数/平均值"表示，其中光照强度、TP和TN平均值表示为各情景下指标系列监测数据的平均值。

根据正交试验设计得到光照强度和营养盐交互的16种情景，并通过富营养化模型模拟得到监测断面Ⅱ光照强度和营养盐交互情景下眉湖中藻类生长的规律，具体情况如图7-23所示，16种情境下藻类模拟的平均值及峰值如表7-12所示。

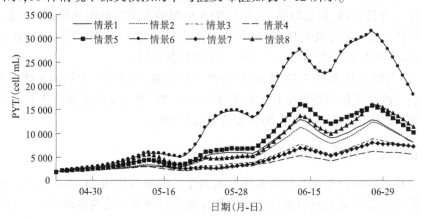

（a）情景1～情景8

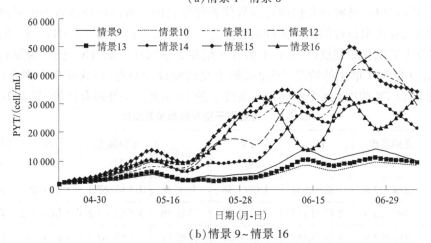

（b）情景9～情景16

图7-23 不同光盐交互下藻类生长模拟结果

表 7-12 不同情景下藻类模拟的平均值及峰值

情景	平均值/(cell/mL)	峰值/(cell/mL)	情景	平均值/(cell/mL)	峰值/(cell/mL)	情景	平均值/(cell/mL)	峰值/(cell/mL)	情景	平均值/(cell/mL)	峰值/(cell/mL)
情景 1	6 534	12 954	情景 5	8 091	16 109	情景 9	7 329	14 340	情景 13	5 937	10 815
情景 2	6 029	12 347	情景 6	14 767	31 430	情景 10	5 351	9 700	情景 14	14 362	30 499
情景 3	4 647	8 868	情景 7	4 555	8 071	情景 11	20 609	42 224	情景 15	22 384	49 223
情景 4	3 663	6 261	情景 8	7 539	16 144	情景 12	20 415	48 355	情景 16	16 531	31 514

根据相关研究(窦明 等,2002;李畅游 等,2007),当藻类含量超过 10 000 cell/mL 时则湖泊会出现水华现象。由表 7-12 可知,情景 1、情景 2、情景 5、情景 6、情景 8、情景 9 以及情景 11~情景 16 在模拟期中的某段时间内出现了水华现象,其中情景 15 模拟藻类含量的平均值和峰值均最大,分别为 22 384 cell/mL 和 49 223 cell/mL,说明在该情景条件(光照强度 89.6 klx,TP 和 TN 浓度分别为 0.168 mg/L 和 2.72 mg/L)下,眉湖水体中藻类生长得最快。而情景 4 藻类生长模拟的平均值和峰值均最小,分别为 3 663 cell/mL 和 6 261 cell/mL,说明此时(光照强度 22.4 klux,TP 和 TN 浓度分别为 0.224 mg/L 和 5.44 mg/L),眉湖水体中藻类生长得最慢,即低光照强度和高营养盐条件下对藻类生长的抑制作用明显。从情景 1~情景 4 可知,当光照强度的平均值为 22.4 klux 时,随着 TP 和 TN 浓度的增加,藻类含量模拟的平均值呈现减小的趋势,说明在光照强度较低的情况下,营养盐浓度增加对藻类生长起到了抑制作用,即此时光照强度对藻类的生长起到了重要的作用。对情景 2 和情景 5、情景 12 和情景 15 进行对比分析,TN 浓度为 2.72 mg/L 时,光照强度增大时藻类模拟的平均值比 TP 浓度增加时的高,说明光照强度变化对藻类生长的影响作用比 TP 浓度变化对藻类生长的影响作用大。从情景 5 和情景 6、情景 7 和情景 8 对比可知,当 TP 和 TN 浓度都增加相同的倍数时,TP 浓度增加时藻类模拟的平均值比 TN 浓度增加时藻类模拟的平均值高,即 TP 浓度变化对藻类生长的影响作用要比 TN 浓度变化对藻类生长的影响作用大,说明眉湖水体中促进藻类生长的营养盐 TP 占较大的比例,另外在情景 9 和情景 11、情景 10 和情景 12、情景 13 和情景 16、情景 14 和情景 15 的对比中也呈现出此种现象。

从情景 1、情景 5、情景 9 和情景 13 可知,当 TP 浓度为 0.056 mg/L 时,在一定范围内随着光照强度和 TN 浓度的增加水体中藻类模拟的平均值也增加,而光照强度和 TN 浓度超出一定范围后水体中藻类的含量出现减少现象,说明一定范围内光照强度和 TN 浓度有促进藻类生长的作用,而光照强度和 TN 浓度相对较大时又呈现出抑制藻类生长的作用。从情景 3、情景 7、情景 11、情景 15 可知,当 TP 浓度为 0.168 mg/L 时,情景 3 和情景 7 条件下藻类模拟的平均值要比情景 11 和情景 15 条件下藻类模拟的平均值低,即当光照强度较高和 TN 浓度较低时对藻类生长的促进作用要高于光照强度较低和 TN 浓度较高时对藻类生长的促进作用,说明当 TP 浓度增大到一定程度时,低光照强度和高浓度 TN

对藻类生长的抑制作用更加显著。从情景1、情景6、情景11、情景16可知,当TN浓度为1.36 mg/L时,在一定范围内随着光照强度和TP浓度的增加水体中藻类模拟的平均值增加,而光照强度和TP浓度超出一定范围后水体中藻类模拟的平均值出现减少现象,说明一定范围内光照强度和TP浓度有促进藻类生长的作用,而光照强度和TP浓度相对较大时又呈现出抑制藻类生长的作用。从情景4、情景7、情景10、情景13可知,当TN浓度为5.44 mg/L时,情景4和情景7条件下藻类模拟的平均值要比情景10和情景13条件下藻类模拟的平均值低,即当光照强度较高和TP浓度较低时对藻类生长的促进作用要高于光照强度较低和TP浓度较高时对藻类生长的促进作用,说明当TN浓度增大到一定程度时,低光照强度和高浓度TP对藻类生长的抑制作用更加显著。

总体来说,在光照强度和营养盐的适宜范围内均有促进藻类生长的作用,而光照强度或营养盐超出一定范围后又对藻类生长起到抑制作用,这与相关研究成果是一致的(宋玉芝 等,2011;王菁 等,2013;于婷 等,2014);通过以上对比分析可知光照强度对藻类生长的影响作用比营养盐的影响作用大,TP对藻类生长的影响作用比TN的影响作用大。但在不同水平光照强度和营养盐交互作用下,由于它们之间的相互影响对藻类生长起到了不同的影响作用,本章主要是通过设置不同的光盐交互情景初步模拟了藻类生长的情况,因此想要更加清晰地了解光照强度和营养盐交互作用对藻类生长的影响,一方面要延长监测数据的系列以使富营养化模型更加精确,另一方面要增加光照强度和营养盐的梯度,以设置更多的光盐交互情景,以全面说明光照强度和营养盐对藻类生长的影响作用。

第8章　光盐条件对水体藻类生长的贡献率研究

8.1　贡献率概念及评估指标

8.1.1　贡献率概念

贡献率原是分析经济效益的一个指标,是指有效或有用成果数量与资源消耗及占有量的比值,即产出量与投入量之比,或者所得量与所费量的比值。如今,随着专业领域学术研究的深入开展,贡献率概念已不仅仅是评估经济效益的一项指标,如在水文研究中,量化出降雨及人类活动对流域内产流变化影响(丰茂武 等,2008;王彦君 等,2015)的贡献率。本书分析小型湖泊水体中浮游藻类受多种影响因素作用下藻类的变化情况,分析不同的影响因子在驱动水体藻类生长过程中的贡献率,此时贡献率则是指在分析光照与氮、磷营养盐指标变化过程中对藻类生长作用程度的量化,可以直观地了解不同影响因子的作用程度。

研究计算光照和氮、磷营养盐贡献率包括室内实验影响因子贡献率计算和模型模拟实验贡献率计算,其中室内实验贡献率根据不同影响因子作用下藻类变化浓度差与对照实验藻类变化浓度差比值计算得出;而模型模拟实验贡献率计算则是选取多种模拟实验情景,运用计算机软件 IBM SPSS Statistics 21 进行线性回归分析,根据计算结果得出的标准系数经归一化处理得出。

8.1.2　室内实验贡献率计算方法

室内实验下各影响因子对藻类生长贡献率分析计算是本书研究的目的,在前文分析了不同影响环境下藻类生长情况后开展贡献率的计算。贡献率是本次藻类生长驱动作用的贡献,计算依据于此概念开展,量化出光照和氮、磷营养盐在藻类生长过程中的作用程度,即当某一影响因子发生改变后,如果水体中藻类浓度变化越大,则此影响因子的贡献率也就越大。

贡献率计算中需要分别确定不同情景下藻类生长状况并计算藻类生长阶段变化值,其中分别包括原始条件下藻类浓度变化值,光照强度和氮、磷营养盐改变条件下的藻类浓度变化值。其变化值计算如式(8-1)～式(8-4)所示。

$$\Delta C = C_2 - C_1 \tag{8-1}$$

$$\Delta C_N = C_N - C_1 \tag{8-2}$$

$$\Delta C_P = C_P - C_1 \tag{8-3}$$

$$\Delta C_{\mathrm{L}} = C_{\mathrm{L}} - C_1 \tag{8-4}$$

式中: ΔC 为原始条件下藻类指标的最大浓度变化量, mg/L; ΔC_{N}、ΔC_{P}、ΔC_{L} 分别为氮、磷营养盐和光照强度改变下藻类指标的最大浓度变化量, mg/L; C_1 为藻类指标的初始浓度, mg/L; C_{N}、C_{P}、C_{L} 分别为氮、磷营养盐和光照强度改变后的各情景下藻类指标的浓度, mg/L。

不同影响条件下藻类生长驱动贡献率计算为

$$\gamma_i = \frac{\Delta C_i}{\Delta C \times 100\%} \tag{8-5}$$

式中: γ_i 为影响因子 i 作用对藻类生长的驱动贡献率; ΔC_i 为影响因子 i 作用的藻类生长驱动作用下藻类最大浓度差。

8.1.3　模型模拟实验贡献率计算方法

使用计算机软件 IBM SPSS Statistics 21 计算模拟实验中光照强度与氮、磷营养盐对藻类生长影响作用的贡献率, 计算过程中将预选定的模拟情景实验结果作为计算基础数据, 根据不同实验模拟情景下 Chl-a 浓度变化差异进行多情景线性回归分析, 分析计算结果包含共线性统计量方差膨胀系数(VIF)、非标准系数与标准系数。其中, VIF 是衡量多元线性回归模型中多重共线性严重程度的一种指标, 它表示回归系数估计量的方差与假设自变量间无线性相关时方差相比的比值, 而多重共线性是指线性回归模型中的解释变量之间由于存在精确相关关系或高度相关关系而使模型估计失真或难以估计准确。本次设定 VIF 阈值为 3, 当计算结果中的 VIF 大于阈值时, 表明各情景间具有共线性, 此时结果中的非标准系数与标准系数便不具有准确性; 非标准系数与标准系数是消除因变量和自变量所取单位差异影响前后的回归系数, 考虑到因变量与自变量之间的单位差异, 本次计算贡献率使用标准系数, 根据得到的标准系数进行归一化处理得出光照强度和氮、磷营养盐对藻类生长驱动作用贡献率。归一化计算公式为:

$$G_i = \frac{B_i}{\sum B_i} \times 100\% \tag{8-6}$$

式中: G_i 为第 i 种影响因素的贡献率; B_i 为第 i 种因素的标准系数。

8.2　基于室内实验的光盐贡献作用定性分析

8.2.1　藻类生长贡献率结果分析

藻类生长贡献率计算以室内光原湖水情景作为参照情景, 即公式中所指的原始条件, 其余数种情景作为影响因子变化情景计算差值后利用原始情景计算其影响因子改变后的藻类生长驱动作用的贡献率。由于开展的数组实验存在环境条件的差异, 因此每组计算结果也将存在一定程度的差异, 本次计算贡献率主要为量化各种影响因子改变后对藻类生长的作用程度。

8.2.1.1　第四组实验贡献率计算

实验使用眉湖水开展多情景实验培养,本次实验数据以第五、六组实验数据做参考。根据第四组藻蓝蛋白浓度变化情况,分别计算不同影响因子对藻类生长驱动作用的贡献率(见表 8-1)。

表 8-1　第四组实验藻蓝蛋白各情景贡献率计算

情景	初始浓度/ (μg/L)	最高浓度/ (μg/L)	浓度差值/ (μg/L)	贡献率/%	贡献率排序
室内光原湖水	4.52	12.85	8.33		
自然光原湖水	4.55	5.58	1.03	12.20	5
室内光加氮	4.48	11.56	7.08	84.95	3
室内光加磷	4.41	13.28	8.87	106.54	2
室内光加氮、磷	3.12	13.17	10.05	120.73	1
无光加氮、磷	4.50	7.07	2.57	31.84	4

由表 8-1 可知,自然光(强光)和无光条件下藻蓝蛋白生长速率较小,即可能为光照强度过强后对藻蓝蛋白生长驱动作用并不显著,通过贡献率计算得出自然光和无光条件对藻蓝蛋白变化贡献率分别为 12.20% 和 31.84%;与对照情景对比,加入营养盐水体中,对藻蓝蛋白浓度变化贡献率最大的是同时提高水体中氮、磷浓度条件,其贡献率为120.73%;培养水体中分别提高氮、磷营养盐浓度条件下,对藻蓝蛋白浓度变化贡献率居中,其贡献率分别为 84.95% 和 106.54%。根据各影响因素贡献率结果值从大到小排序依次为:氮、磷>磷>氮>无光>强光。无论光照强弱,有光条件下的藻类生长状况优于无光条件(王随继 等,2013),而本次实验出现不同的结论,可能是由于实验中某些失误造成的,可根据第五、六组再做进一步分析。

根据第四组中 Chl-a 浓度变化情况,分别计算不同影响因子对藻类生长驱动作用的贡献率(见表 8-2)。由于在实验过程中的 Chl-a 基本上呈衰减趋势,故贡献率按照始末浓度差计算,此时的贡献率计算结果值与影响因子的作用成反比,故以负值来表示。由表 8-2可知,无光条件下 Chl-a 浓度下降最快,无光条件对 Chl-a 变化贡献率为−254.07%;与对照情景对比,加入营养盐水体中,对 Chl-a 浓度变化贡献度最大的是提高水体中磷浓度条件,其贡献率为−130.86%;其次是自然光条件下藻类培养情景,计算强光在减缓Chl-a 衰减过程作用中的贡献率为−132.08%;培养水体中提高氮营养盐浓度条件下的 Chl-a 浓度变化贡献率与前两者相差较小,为−137.14%,而同时升高水体中氮、磷浓度情景下的 Chl-a 衰减程度仅大于无光情景,其贡献率为−189.45%。根据各影响因素对 Chl-a 衰减过程的贡献率结果值从大到小排序依次为:磷>强光>氮>氮、磷>无光。各因素对 Chl-a 变化贡献率证明有光条件下藻类生长要优于无光。

表 8-2　第四组实验 Chl-a 各情景贡献率计算

情景	初始浓度/(μg/L)	结束浓度/(μg/L)	浓度差值/(μg/L)	贡献率/%	贡献率排序
室内光原湖水	11.37	7.39	−3.98		
自然光原湖水	11.36	6.10	−5.26	−132.08	2
室内光加氮	10.91	5.45	−5.46	−137.14	3
室内光加磷	11.41	6.20	−5.21	−130.86	1
室内光加氮、磷	11.05	3.51	−7.54	−189.45	4
无光加氮、磷	11.41	1.30	−10.11	−254.07	5

8.2.1.2　第五组实验贡献率计算

根据第五组藻蓝蛋白浓度变化情况,计算不同影响因子对藻蓝蛋白生长驱动作用的贡献率(见表 8-3)。通过实验数据可知,本次实验的贡献率结果与第四组实验具有一定差异。在本次实验中,自然光(强光)条件下藻蓝蛋白生长速率最大,即在光照强度较大条件下对藻蓝蛋白生长驱动作用最为显著,此时自然光条件对藻蓝蛋白变化贡献率为124.70%;与对照情景对比,加入营养盐水体的情景中,对藻蓝蛋白浓度变化贡献率最大的是提高水体中氮浓度条件,而同时加入氮、磷营养盐条件的贡献率与其相近,其贡献率分别为112.35%和112.02%;磷营养盐对藻蓝蛋白变化贡献率比较小,为85.98%;无光条件下的贡献率最小,为56.82%。根据各影响因素贡献率结果值从大到小排序依次为:强光>氮>氮、磷>磷>无光,此次实验再次证实了有光条件下的藻类生长优于无光条件。

表 8-3　第五组实验藻蓝蛋白各情景贡献率计算

情景	初始浓度/(μg/L)	最高浓度/(μg/L)	浓度差值/(μg/L)	贡献率/%	贡献率排序
室内光原湖水	3.77	7.58	3.81		
自然光原湖水	3.59	8.35	4.76	124.70	1
室内光加氮	3.82	8.10	4.28	112.35	2
室内光加磷	3.85	7.13	3.28	85.98	4
室内光加氮、磷	3.56	7.83	4.27	112.02	3
无光加氮、磷	3.94	6.11	2.17	56.82	5

根据第五组实验中 Chl-a 浓度变化情况,计算各影响因子贡献率,此次贡献率计算仍按照始末浓度差计算(见表 8-4),贡献率计算结果与影响因素的驱动作用仍成反比,以负值来表示。根据表 8-4 可知,无光条件下 Chl-a 浓度下降最快,贡献率为−189.91%;其余各情景中,自然光下 Chl-a 衰减速率最为缓慢,贡献率为−81.56%;加入营养盐水体中,提高水体中磷浓度条件对减缓 Chl-a 衰减作用最大,贡献率为−116.84%;其次是同时升高氮、磷浓度情景,贡献率为−127.72%;提高氮营养盐浓度条件下的 Chl-a 浓度变化小于前

两种营养盐条件,此贡献率为-147.76%。根据各影响因素对 Chl-a 衰减过程的贡献率结果值从大到小排序依次为:强光>磷>氮、磷>氮>无光,即减缓 Chl-a 衰减的作用程度从大到小依次为:强光>磷>氮、磷>氮>无光。

表 8-4　第五组实验叶绿素 a 各情景贡献率计算

情景	初始浓度/(μg/L)	结束浓度/(μg/L)	浓度差值/(μg/L)	贡献率/%	贡献率排序
室内光原湖水	10.60	5.15	−5.45		
自然光原湖水	10.84	6.40	−4.44	−81.56	1
室内光加氮	11.71	3.65	−8.06	−147.76	4
室内光加磷	11.25	4.88	−6.37	−116.84	2
室内光加氮、磷	11.57	4.60	−6.97	−127.72	3
无光加氮、磷	12.36	2.00	−10.36	−189.91	5

8.2.1.3　第六组实验贡献率计算

根据第六组藻蓝蛋白浓度变化情况,计算不同影响因子对藻蓝蛋白生长驱动作用的贡献率(见表 8-5)。通过实验数据可知,本次实验的贡献率排序结果与第五组实验具有一致性。自然光条件下藻蓝蛋白生长速率最大,在光照强度较大条件下对藻类生长驱动作用最为显著,此时自然光条件对藻蓝蛋白变化贡献率为 65.71%;加入营养盐水体的情景中,对藻蓝蛋白浓度变化贡献率最大的是提高水体中氮浓度条件,其贡献率为 48.97%;而同时加入氮、磷营养盐条件的贡献率与加入磷营养盐情景相近,其贡献率分别为33.62%和30.75%;无光条件下的贡献率最小,为 16.24%。根据各影响因素贡献率结果值从大到小排序依次为:强光>氮>氮、磷>磷>无光,也说明强光条件下对藻类生长驱动作用较强。

表 8-5　第六组实验藻蓝蛋白各情景贡献率计算

情景	初始浓度/(μg/L)	最高浓度/(μg/L)	浓度差值/(μg/L)	贡献率/%	贡献率排序
室内光原湖水	3.41	8.83	5.42		
自然光原湖水	3.34	6.90	3.56	65.71	1
室内光加氮	3.33	5.99	2.66	48.97	2
室内光加磷	3.19	4.86	1.67	30.75	4
室内光加氮、磷	3.32	5.15	1.83	33.62	3
无光加氮、磷	3.42	4.30	0.88	16.24	5

根据第六组实验中 Chl-a 浓度变化情况,计算各影响因子贡献率(见表 8-6)。由于本次实验周期较长,后期 Chl-a 浓度接近,此时按照始末浓度差计算贡献率准确性较小,故此次贡献率计算按照初始浓度与刚稳定时 Chl-a 浓度差计算,而贡献率计算结果值与影

响因素的驱动作用依然成反比,以负值来表示。无光条件下 Chl-a 浓度下降最快,贡献率为-260.64%;自然光下 Chl-a 衰减速率最为缓慢,贡献率为-148.49%;加入营养盐的水体中,减缓 Chl-a 衰减作用最大,是提高水体中磷浓度条件,其贡献率为-184.32%;其次是升高氮浓度情景,贡献率为-192.96%;培养水体中同时提高氮、磷营养盐浓度条件下的 Chl-a 浓度变化较大,贡献率为-225.33%。根据各影响因素对 Chl-a 衰减过程的贡献率结果值从大到小排序依次为:强光>磷>氮>氮、磷>无光,即其减缓 Chl-a 衰减的作用程度从大到小依次为:强光>磷>氮>氮、磷>无光。

表 8-6　第六实验叶绿素 a 各情景贡献率计算

情景	初始浓度/（μg/L）	结束浓度/（μg/L）	浓度差值/（μg/L）	贡献率/%	贡献率排序
室内光原湖水	16.95	8.65	-8.30		
自然光原湖水	16.82	4.50	-12.32	-148.49	1
室内光加氮	19.87	3.87	-16.00	-192.96	3
室内光加磷	17.74	2.45	-15.29	-184.32	2
室内光加氮、磷	22.29	3.60	-18.69	-225.33	4
无光加氮、磷	22.66	1.05	-21.61	-260.64	5

8.2.2　实验组影响因子驱动作用对比

为了更加清楚地了解不同影响因子对水体中藻类生长的影响,我们将对计算得到的贡献率进行归一化处理,计算出以实验内三种影响因子的总影响度设为单位 1 时各影响因子的贡献率,计算结果如表 8-7 所示。在 Chl-a 衰减过程中,光照强度对 Chl-a 的平均归一化贡献率为-28.27%,氮、磷营养盐的平均归一化贡献率分别为-37.89%和-33.84%;在藻蓝蛋白增长过程中,光照强度的平均归一化贡献率为29.92%,氮、磷营养盐的平均归一化贡献率分别为36.72%和33.35%。

表 8-7　对各影响因子贡献率归一平均化　　　　　　　　　　%

藻类指标	影响因素	实验组	贡献率	归一化贡献率	平均归一化贡献率
叶绿素 a	光照强度	第四组	-132.08	-33.01	-28.27
		第五组	-81.56	-23.56	
		第六组	-148.49	-28.24	
	磷营养盐	第四组	-130.86	-32.71	-33.84
		第五组	-116.84	-33.75	
		第六组	-184.32	-35.06	
	氮营养盐	第四组	-137.14	-34.28	-37.89
		第五组	-147.76	-42.69	
		第六组	-192.96	-36.70	

续表 8-7

藻类指标	影响因素	实验组	贡献率	归一化贡献率	平均归一化贡献率
藻蓝蛋白	光照强度	第四组	12.2	5.99	29.92
		第五组	124.7	38.60	
		第六组	65.71	45.18	
	磷营养盐	第四组	106.54	52.30	33.35
		第五组	85.98	26.62	
		第六组	30.75	21.14	
	氮营养盐	第四组	84.95	41.71	36.72
		第五组	112.35	34.78	
		第六组	48.97	33.68	

　　根据三组实验中光照与营养盐对藻类指标变化驱动作用的贡献率,但不同的实验,其结果往往存在一定的差异,故将计算贡献率排序结果进行汇总,根据三次实验的总结果确定每种影响因子的驱动作用顺序。虽然三次实验中可能存在某一环境条件的不确定性,但每组实验中除实验设计的情景差异外,每种情景面对的其余外部环境条件一致,故认为虽然每组实验得出的贡献率存在差异,但其贡献率排序具有一定的确定性。

　　三组实验中根据贡献率得出的影响因子对藻蓝蛋白驱动作用顺序如表 8-8 所示,可知第五、第六组实验驱动作用顺序一致。因此,最终确定在影响藻类总量变化过程中光照与营养盐对藻类生长驱动影响的程度从大到小依次为:强光>氮>氮、磷>磷>无光。

表 8-8　三组实验影响因子对藻蓝蛋白驱动作用顺序

实验组	驱动作用排序
第四组	氮、磷>磷>氮>无光>强光
第五组	强光>氮>氮、磷>磷>无光
第六组	强光>氮>氮、磷>磷>无光
排序确定	强光>氮>氮、磷>磷>无光

　　三组实验中根据贡献率得出的影响因子对 Chl-a 驱动作用顺序如表 8-9 所示,可知每种影响因子在排序中出现的频率确定最终影响因子对水体中浮游藻类 Chl-a 衰减过程中的抑制作用。因此,根据每种影响因子排序频率认为在影响藻类 Chl-a 含量变化过程中光照与营养盐抑制 Chl-a 衰减的程度从大到小依次为:强光>磷>氮>氮、磷>无光。

表 8-9　三组实验影响因子对叶绿素 a 驱动作用顺序

实验组	驱动作用排序
第四组	磷>强光>氮>氮、磷>无光
第五组	强光>磷>氮>磷>氮>无光
第六组	强光>磷>氮>氮、磷>无光
排序确定	强光>磷>氮>氮、磷>无光

8.3 基于数学模型的光盐贡献作用定量分析

8.3.1 藻类生长结果模拟情景选择

由于计算光照强度和氮、磷营养盐对藻类指标 Chl-a 生长变化的影响程度,需要选择不同的模型情景,并根据每种情景的模拟结果和情景设计中光照强度大小和氮、磷营养盐浓度情况计算每种影响因子的影响作用,所以模拟情景的选择会直接影响因子贡献率的计算结果,本次关于影响因子贡献率计算情景选择如表 8-10 中所示的 7 种情景,其中情景 1 为原始情景,光照强度使用表 3-2 中所测数据的总体平均值作为初始光照强度,总磷、总氮初始浓度分别设置为 0.059 mgL 和 1.13 mg/L。情景 2、情景 3、情景 4 分别为最佳光照(1.5 倍原光照强度)情景、最佳氮浓度(3 倍原始氮浓度)情景和最佳磷浓度(4 倍原始磷浓度)情景,情景 5 为 2 倍光照强度和 2 倍氮营养盐浓度条件,情景 6 为 2 倍光照强度和 2 倍磷营养盐浓度条件,情景 7 为 2 倍氮、磷营养盐浓度条件。各情景条件与该条件下模拟结果中 Chl-a 浓度最大值均列于表 8-10 中,作为计算影响因子贡献率的基础数据。

表 8-10　计算影响因子贡献率情景条件及模拟结果

序号	叶绿素 a/(mg/L)	光照强度/lx	磷浓度/(mg/L)	氮浓度/(mg/L)
1	0.013 39	7 669.65	0.059	1.13
2	0.016 21	11 504.48	0.059	1.13
3	0.015 24	7 669.65	0.059	3.39
4	0.015 41	7 669.65	0.236	1.13
5	0.015 69	15 339.30	0.059	2.26
6	0.016 71	15 339.30	0.118	1.13
7	0.014 76	7 669.65	0.118	2.26

8.3.2 影响因子贡献率计算分析

确定了计算影响因子贡献率情景后,使用计算机软件 IBM SPSS Statistics 21 进行线性回归分析,来确定每种影响因子在藻类指标 Chl-a 生长过程中的作用程度,计算出每种影响因子的标准化系数,并采用归一化处理,量化出光照作用和氮、磷营养盐对藻类指标 Chl-a 生长变化作用量。通过计算分析得出的标准系数与 VIF 结果如表 8-11 所示。首先分析三种影响因素的共线性统计量 VIF,其中光照强度的 VIF 值最小,为 1.176,而氮、磷营养盐的 VIF 值分别为 1.262 和 1.295,其值均小于 3,即可以忽略变量之间的共线性。分析完变量间的共线性后,根据不同情景下 Chl-a 的浓度得出的计算结果还包括非标准系数与标准系数,而贡献率则使用标准系数进行计算。标准系数是指消除了因变量和自变量所取单位差异影响之后的回归系数,其绝对值的大小直接反映了自变量对因变量的影响程度。而非标准系数并未消除自变量与因变量之间的单位影响,所以即使其非标准系数非常小,对因变量的影响作用也有可能很大,比如光照强度非标准系数仅为 2.492×10^{-7},但其影响程度却是最大。光照强度的标准系数为 0.848,氮和磷营养盐的标准系数分别为 0.225 和 0.425,表明各影响因素对水体中藻类含量指标 Chl-a 的影响作用中,光照的影响作用>磷营养盐的影响作用>氮营养盐的影响作用。

表 8-11　利用 SPSS 对影响因子的计算结果

模型	非标准系数		标准系数	t	Sig.	共线性统计量	
	$\overline{B}$	标准误差	B			容差	VIF
(常量)	0.012	0.002		5.642	0.011		
光照强度	2.492×10^{-7}	0	0.848	2.234	0.112	0.850	1.176
磷营养盐	0.007	0.007	0.425	1.067	0.364	0.772	1.295
氮营养盐	0.000 271	0.000 474	0.225	0.573	0.607	0.792	1.262

注:因变量为 Chl-a 浓度。

通过式(8-5)将标准系数归一化处理,得到每种影响因素的贡献率,如表 8-12 所示。

表 8-12　模拟实验中各影响因素贡献率

序号	影响因素	标准系数	贡献率/%
1	光照强度	0.848	56.61
2	磷营养盐	0.425	28.37
3	氮营养盐	0.225	15.02

8.4　室内实验结果与模型模拟结果对比分析

根据已经计算出室内试验和模型模拟中对藻类生长驱动机制影响的各影响因子的贡献率。本节主旨在于对比室内试验结果和模型模拟结果中光照强度和氮、磷营养盐的贡献率,分析对比室内实验与模拟结果的异同性。由表 8-13 可知,室内实验与模型模拟实验的结果还是比较吻合的,分析室内实验组与模型模拟 Chl-a 变化过程中各影响因子贡献率可知,对于光照强度,在室内实验中对 Chl-a 衰减的抑制作用最大,在衰减过程中的贡献率为−28.27%,并且在模拟过程中光照强度对藻类生长 Chl-a 的贡献率占 56.61%。藻类指标 Chl-a 衰减表明水体中 Chl-a 的增长率小于衰减率,故 Chl-a 浓度呈减少趋势,当增长率大于衰减量时便呈增长趋势,可见虽然室内实验中 Chl-a 处于衰减阶段,但光照强度的贡献率要大于其他两个指标的贡献率表明虽然衰减过程中的生长率小于衰减率,但光照条件下的生长率依然大于其他两种条件的影响。而模拟实验中光照强度的贡献率最大,且为正,表明虽然在藻类 Chl-a 生长过程中 Chl-a 的生长率大于衰减率,光照强度对 Chl-a 的生长产生的作用大于其他两种影响因子,两者均表明在分析光照强度与氮磷营养盐对藻类生长驱动作用中,光照条件的影响最为重要。对比影响因子对总藻类指标藻蓝蛋白变化的贡献率可知,光照强度的贡献率仍最大,为 42.89%。上述综合分析表明在藻类生长衰减过程中,光照强度对藻类生长率的影响最为显著。

表 8-13　不同实验下影响因子贡献率　　　　　　　　%

分组	指标	贡献率		
		光照强度	磷营养盐	氮营养盐
室内实验	Chl-a	−28.27	−33.84	−37.89
	藻蓝蛋白	42.89	23.88	34.23
模拟实验	Chl-a	56.61	28.37	15.02

　　分析氮、磷营养盐对 Chl-a 生长变化作用的贡献率可知,无论是室内实验还是模型模拟实验,磷营养盐的贡献率均大于氮营养盐,其中室内实验和模型模拟中磷营养盐的贡献率分别为−33.84%和 28.37%,而氮营养盐的贡献率分别为−37.89%和 15.02%,表明无论在 Chl-a 衰减过程中还是在增长阶段,磷营养盐对 Chl-a 的生长影响比氮营养盐显著。而对于氮、磷营养盐对总藻类指标藻蓝蛋白的贡献率分别为 34.23%和 23.88%,表示在总藻类生长变化过程中氮营养盐的影响作用要大于磷营养盐,即氮、磷营养盐对总藻类生长作用与对 Chl-a 的影响作用相异,这可能是因为总藻类中藻类种群的主导性发生了变化,也说明了 Chl-a 代表的藻类种群含量虽然呈衰减趋势,但水体中的其他藻类种群却呈上升趋势,且增长率大于衰减率。

　　综上所述,无论从室内实验出发还是运用模型模拟,结果均表明在 Chl-a 含量变化过程中,光照强度对藻类生长的贡献率大于营养盐,而营养盐中磷的贡献率大于氮的。本次对于光照强度研究包含光限制区、光饱和区和光抑制区,均证明了藻类对光能的捕获和利用对藻类生长阶段的重要性。对于营养盐对 Chl-a 生长的影响,也有研究表明添加硝酸盐能显著促进藻类碱性磷酸酶活性的增长,提高水生生物对磷的吸收利用能力,加快磷循环的速率,而氮则对 Chl-a 的生长促进作用较小。

第9章　基于 Copula 函数的水体富营养化联合风险概率研究

在基于水体透明度的富营养化模型模拟的基础上,结合 Copula 函数风险评价分析眉湖水体富营养化指标的联合风险概率。首先,根据富营养化模型模拟水体富营养化指标的结果,建立各水体富营养化指标的边缘分布,在此基础上建立水体富营养化指标不同联合的二维和三维 Copula 函数联合分布函数。其次,对建立的二维和三维 Copula 函数联合分布函数通过 K-S 检验、图形评价分析法、均方根误差法、AIC 准则法以及 BIC 法进行拟合检验和拟合优度评价,选择出不同水体富营养化指标联合方式下适合的二维和三维 Copula 函数联合分布函数。最后,结合选取二维和三维 Copula 函数联合分布函数对水体富营养化指标不同二维和三维联合方式下的水体富营养化风险概率进行计算分析。

9.1　Copula 函数基本原理

9.1.1　Copula 函数的定义及性质

Copula 理论是 Sklar 在 1959 年提出的。Copula 理论将一个 N 维联合分布函数分解为 N 个边缘分布函数和一个 Copula 函数,用于描述变量间的相关性。1999 年 Nelsen 给出了 Copula 函数的严格定义,即 Copula 函数是把随机向量 X_1, X_2, $\cdots$, X_N 的联合分布函数 $F(x_1,x_2,\cdots,x_N)$ 与各自的边缘分布函数 $F_{X_1}(x_1)$, $F_{X_2}(x_2)$, $\cdots$, $F_{X_N}(x_N)$ 相连接的连接函数,即函数 $C(u_1,u_2,\cdots,u_N)$,使

$$F(x_1,x_2,\cdots,x_N) = C[F_{X_1}(x_1),F_{X_2}(x_2),\cdots,F_{X_N}(x_N)] \tag{9-1}$$

N 元 Copula 函数是指满足以下性质的函数 $C(u_1,u_2,\cdots u_N)$:

(1)定义域为 $[0,1]^N$。

(2) $C(u_1,u_2,\cdots,u_N)$ 有零基面,并且 N 是递增的。

(3) $C(u_1,u_2,\cdots,u_N)$ 有边缘分布函数 $C_i(u_i)(i = 1,2,\cdots,N)$,且满足 $C_i(u_i) = C(1,\cdots,1,u_i,1,\cdots,1) = u_i$,其中 $u_i \in [0,1]$ $(i = 1,2,\cdots,N)$。

Copula 分布函数的 Sklar 定理:假设 $F(x_1,x_2,\cdots,x_N)$ 为具有边缘分布 $F_1(x_1)$, $F_2(x_2)$, $\cdots$, $F_N(x_N)$ 的 N 元联合分布函数,则存在一个 Copula 函数 $C(u_1,u_2,\cdots,u_N)$,满足:

$$F(x_1,x_2,\cdots,x_N) = C[F_1(x_1),F_2(x_2),\cdots,F_N(x_N)] \tag{9-2}$$

若 $F_1(x_1)$, $F_2(x_2)$, $\cdots$, $F_N(x_N)$ 是连续函数,则 $C(u_1,u_2,\cdots u_N)$ 唯一确定;反之,若 $F_1(x_1)$, $\cdots$, $F_N(x_N)$ 是一元分布函数, $C(u_1,u_2,\cdots u_N)$ 是一个 Copula 函数,则由式(9-1)确定的 $F(x_1,x_2,\cdots,x_N)$ 是具有边缘分布 $F_1(x_1)$, $F_2(x_2)$ $\cdots$, $F_N(x_N)$ 的 N 元联合分布函数。

N 元 Copula 函数应该满足以下性质：

（1）$C(u_1, u_2, \cdots, u_N)$ 其中的每一个变量都是单调非降的。

（2）$C(u_1, u_2, \cdots, 0, \cdots, u_N) = 0$，$C(1, \cdots, 1, u_i, 1, \cdots, 1) = u_i$。

（3）对于任意的 $u_i, v_i \in [0,1]$ $(i = 1, 2, \cdots, N)$，有

$$| C(u_1, u_2, \cdots, u_N) - C(v_1, v_2, \cdots, v_N) | \leqslant \sum_{i=1}^{N} | u_i - v_i |$$

（4）令 $C^{-}(u_1, u_2, \cdots, u_N) = \max\left(\sum_{i=1}^{N} u_i - N + 1, 0\right)$，$C^{+}(u_1, u_2, \cdots, u_N) = \max(u_1, u_2, \cdots, u_N)$，则对任意的 $u_i \in [0,1]$ $(i = 1, 2, \cdots, N)$，有 $C^{-}(u_1, u_2, \cdots, u_N) \leqslant C(u_1, u_2, \cdots, u_N) \leqslant C^{+}(u_1, u_2, \cdots, u_N)$，记作 $C^{-} < C < C^{+}$，称 C^{-} 和 C^{+} 分别为 Frechet 的下届和上届，当 $N \geqslant 2$ 时，C^{+} 是一个 N 元 Copula 函数；当 $N > 2$ 时，C^{-} 并不是一个 Copula 函数。

（5）如果 $U_i \sim U[0,1]$ $(i = 1, 2, \cdots, N)$ 相互独立，则 $C(u_1, u_2, \cdots, u_N) = \prod_{i=1}^{N} u_i$。

9.1.2　几种常见的 Copula 函数

通过不同的构造方式可以构造出多种不同类型的 Copula 函数，比较常见的 Copula 函数类型有正态 Copula 函数、t-Copula 函数和阿基米德 Copula 函数。

9.1.2.1　正态 Copula 函数

N 元正态 Copula 函数的分布函数与密度函数表达式分别为

$$C(u_1, u_2, \cdots, u_N; \boldsymbol{\rho}) = \Phi_{\rho}\left[\Phi^{-1}(u_1), \Phi^{-1}(u_2), \cdots, \Phi^{-1}(u_N) \right] \tag{9-3}$$

$$c(u_1, u_2, \cdots, u_N; \boldsymbol{\rho}) = \frac{\partial^N C(u_1, u_2, \cdots, u_N; \boldsymbol{\rho})}{\partial u_1 \partial u_2 \cdots \partial u_n} = |\boldsymbol{\rho}|^{-\frac{1}{2}} \exp\left[-\frac{1}{2} \zeta'(\boldsymbol{\rho}^{-1} - \boldsymbol{I}) \zeta \right] \tag{9-4}$$

式中：$\boldsymbol{\rho}$ 为对角线上的元素全为 1 的 N 阶对称正定矩阵；$|\rho|$ 为矩阵 $\boldsymbol{\rho}$ 的行列式；Φ_{ρ} 为相关系数矩阵为 $\boldsymbol{\rho}$ 的 N 元标准正态分布的分布函数，它的边缘分布均为标准正态分布；Φ^{-1} 为标准正态分布的分布函数的逆函数；$\boldsymbol{I}$ 为单位矩阵；$\zeta' = [\Phi^{-1}(u_1), \Phi^{-1}(u_2), \cdots, \Phi^{-1}(u_N)]$。

9.1.2.2　t-Copula 函数

N 元 t-Copula 函数的分布函数与密度函数表达式分别为

$$C(u_1, u_2, \cdots, u_N; \boldsymbol{\rho}, k) = t_{\boldsymbol{\rho}, k}\left[t_k^{-1}(u_1), t_k^{-1}(u_2), \cdots, t_k^{-1}(u_N) \right] \tag{9-5}$$

$$c(u_1, u_2, \cdots, u_N; \boldsymbol{\rho}, k) = |\rho|^{-\frac{1}{2}} \frac{\Gamma\left(\dfrac{k+N}{2}\right)\left[\Gamma\left(\dfrac{k}{2}\right)\right]^{N-1}}{\left[\Gamma\left(\dfrac{k+1}{2}\right)\right]^N} \frac{\left(1 + \dfrac{1}{k}\zeta'\boldsymbol{\rho}^{-1}\zeta\right)^{-\frac{k+N}{2}}}{\prod\limits_{i=1}^{N}\left(1 + \dfrac{\zeta_i^2}{k}\right)^{-\frac{k+1}{2}}} \tag{9-6}$$

式中：$\boldsymbol{\rho}$ 为对角线上的元素全为 1 的 N 阶对称正定矩阵；$|\rho|$ 为矩阵 $\boldsymbol{\rho}$ 的行列式；$t_{\boldsymbol{\rho}, k}$ 为相关系数矩阵为 $\boldsymbol{\rho}$、自由度为 k 的标准 N 元 t 分布的分布函数；t_k^{-1} 为自由度为 k 的一元 t 分布的分布函数的逆函数；$\zeta' = [t_k^{-1}(u_1), t_k^{-1}(u_2), \cdots, t_k^{-1}(u_N)]$。

9.1.2.3　阿基米德 Copula 函数

1986 年,Genest 和 Mackay 给出了阿基米德 Copula 函数的分布的定义,常见的主要有 Gumbel Copula 函数、Clayton Copula 函数与 Frank Copula 函数,函数的表达式为

$$C(u_1,u_2,\cdots,u_N)=\begin{cases}\varphi^{-1}\left[\varphi(u_1),\varphi(u_2),\cdots,\varphi(u_N)\right] & \sum_{i=1}^{N}\varphi(u_i)\leqslant\varphi(0)\\0 & \text{其他}\end{cases} \tag{9-7}$$

式中:函数 $\varphi(u)$ 为阿基米德 Copula 函数 $C(u_1,u_2,\cdots,u_N)$ 的生成元,满足 $\varphi(1)=0$,对任意 $u\in[0,1]$,有 $\varphi'(u)<0$,$\varphi''(u)>0$,即生成元 $\varphi(u)$ 是一个凸的减函数;$\varphi^{-1}(u)$ 为 $\varphi(u)$ 的反函数,在区间 $[0,+\infty]$ 上连续并且单调非增。

阿基米德 Copula 函数是由其生成元唯一确定的。

9.2　基于 Copula 函数的水体富营养化风险评价方法

首先在已建立眉湖水体富营养化模型的基础上,通过模拟得到眉湖水体富营养化指标(SD、Chl-a、TN、TP 和 COD)的模拟序列;其次利用模拟序列建立各指标相应的边缘分布,得到各水体富营养化指标标准限值的模拟频率,进而根据边缘分布函数计算水体富营养化指标二维和三维的联合分布概率;最后通过建立 Copula 联合概率分布,结合 Copula 函数拟合检验和拟合优度评价筛选出二维和三维联合概率分布最优的 Copula 函数,再依据最优的 Copula 函数定量分析水体富营养化指标二维和三维的联合风险概率。

9.2.1　边缘分布的建立

根据眉湖水体富营养化模型模拟的结果,得到水体富营养化指标的模拟序列 $\{x_n\mid n=1,2,\cdots,N\}$,$N$ 是模拟序列的个数。对于模拟序列 $\{x_n\}$ 中的任意一个样本值 x_m,如果模拟序列 $\{x_n\}$ 中小于 x_m 的数目为 N_m,那么可以把 x_m 对应的累积频率表示为

$$P(x_m)=P(x_i\leqslant x_m)=\frac{N_m}{N} \tag{9-8}$$

式中:x_i 为某一水质监测指标;$P(x_m)$ 为事件 $x_i\leqslant x_m$ 的频率函数。

求出模拟序列 $\{x_n\}$ 中所有的样本值的频率,得到模拟序列 $\{x_n\}$ 的频率分布曲线。

对于水质污染物来说,如果该污染物的状态变量为 $\{x_n\}$,如给定的水体富营养化等级的控制限值为 x_k,则该污染物的超标风险可以表示为

$$P_k=P(x_i>x_k) \tag{9-9}$$

式中:x_i 为某一水质监测指标;P_k 为事件 $x_i>x_k$ 的频率函数。

9.2.2　Copula 函数联合分布的建立

9.2.2.1　联合概率分布

1.二维变量联合概率分布

假设 X 和 Y 分别为水体富营养化事件中具有相互关系的指标序列,其边缘分布函数

分别为 $u = F(x)$，$v = F(y)$，则其二维联合分布概率的表达式如下：

$$F_{UV}(u,v) = P(X \leqslant x, Y \leqslant y) = \int_{-\infty}^{u} \int_{-\infty}^{v} f(u,v)\,\mathrm{d}u\mathrm{d}v = C(u,v) \tag{9-10}$$

而当两个指标都超过各自的某一限值时，则二者此时的联合概率表示为

$$P(X > x, Y > y) = 1 - P(X \leqslant x) - P(Y \leqslant y) + P(X \leqslant x, Y \leqslant y)$$
$$= 1 - u - v - C(u,v) \tag{9-11}$$

2.三维变量联合概率分布

假设 X、Y 和 Z 分别表示水体富营养化事件中具有相互关系的指标序列，其边缘分布函数分别为 $u = F(x)$，$v = F(y)$，$w = F(z)$，则其三维联合分布概率的表达式为：

$$F_{UVW}(u,v,w) = P(X \leqslant x, Y \leqslant y, Z \leqslant z)$$
$$= \int_{-\infty}^{u} \int_{-\infty}^{v} \int_{-\infty}^{w} f(u,v,w)\,\mathrm{d}u\mathrm{d}v\mathrm{d}w = C(u,v,w) \tag{9-12}$$

而当三个指标都超过各自的某一限值时，则三者此时的联合概率表示为

$$P(X > x, Y > y, Z > z) = 1 - P(X \leqslant x) - P(Y \leqslant y) - P(Z \leqslant z) + P(X \leqslant x, Y \leqslant y) +$$
$$P(X \leqslant x, Z \leqslant z) + P(Y \leqslant y, Z \leqslant z) - P(X \leqslant x, Y \leqslant y, Z \leqslant z)$$
$$= 1 - u - v - w + C(u,v) + C(u,w) + C(v,w) - C(u,v,w) \tag{9-13}$$

9.2.2.2 Copula 联合概率分布的建立

湖泊水体富营养化状态的指标一般是由几个关键指标组成的，那么评估湖泊水体富营养化的风险概率就应该由关键指标超过标准限值形成不同的联合风险概率。利用 Copula 函数理论建立起各关键指标间的联合概率分布，以此定量地分析水体富营养化关键指标超标的联合风险概率。

1.二维 Copula 函数联合概率分布模型

（1）二维 Gaussian Copula 函数联合概率分布模型：

$$C(u,v;\boldsymbol{\rho}) = \boldsymbol{\Phi}_{\rho}[\boldsymbol{\Phi}^{-1}(u), \boldsymbol{\Phi}^{-1}(v)] \tag{9-14}$$

（2）二维 Frank Copula 函数联合概率分布模型：

$$C(u,v;\alpha) = -\frac{1}{\alpha}\ln\left[1 + \frac{(\mathrm{e}^{-\alpha u} - 1)(\mathrm{e}^{-\alpha v} - 1)}{\mathrm{e}^{-\alpha} - 1}\right] \quad [\alpha \in (-\infty,0) \cup (0,\infty)] \tag{9-15}$$

（3）二维 Clayton Copula 函数联合概率分布模型：

$$C(u,v;\alpha) = (u^{-\alpha} + v^{-\alpha} - 1)^{-\frac{1}{\alpha}} \quad (\alpha > 0) \tag{9-16}$$

（4）二维 Gumbel Copula 函数联合概率分布模型：

$$C(u,v;\alpha) = \exp\{-[(-\ln u)^{\alpha} + (-\ln v)^{\alpha}]^{\frac{1}{\alpha}}\} \quad (\alpha > 1) \tag{9-17}$$

（5）二维 t-Copula 函数联合概率分布模型：

$$C(u,v;\boldsymbol{\rho},k) = t_{\boldsymbol{\rho},k}[t_k^{-1}(u), t_k^{-1}(v)] \tag{9-18}$$

式（9-15）~式（9-17）中：α 为 Frank Copula、Clayton Copula、Gumbel Copula 函数中描述两个变量相互关系的参数。

式（9-14）和式（9-18）中：$\boldsymbol{\rho}$ 为对角线上的元素全为 1 的 2 阶对称正定矩阵；$\boldsymbol{\Phi}_{\rho}$ 为相

关系数矩阵为 $\boldsymbol{\rho}$ 的二元标准正态分布的分布函数；Φ^{-1} 为标准正态分布的分布函数的逆函数；$t_{\boldsymbol{\rho},k}$ 为相关系数矩阵为 $\boldsymbol{\rho}$、自由度为 k 的标准二元 t 分布的分布函数；t_k^{-1} 为自由度为 k 的二元 t 分布的分布函数的逆函数。

2. 三维 Copula 函数联合概率分布模型

（1）三维 Gaussian Copula 函数联合概率分布模型

$$C(u,v,w;\boldsymbol{\rho}) = \Phi_{\boldsymbol{\rho}}\left[\Phi^{-1}(u),\Phi^{-1}(v),\Phi^{-1}(w)\right] \tag{9-19}$$

（2）三维 Frank Copula 函数联合概率分布模型

$$C(u,v,v;\alpha) = -\frac{1}{\alpha}\ln\left[1 + \frac{(e^{-\alpha u}-1)(e^{-\alpha v}-1)(e^{-\alpha w}-1)}{(e^{-\alpha}-1)^2}\right] \quad [\alpha \in (-\infty,0)\cup(0,\infty)] \tag{9-20}$$

（3）三维 Clayton Copula 函数联合概率分布模型

$$C(u,v,w;\alpha) = (u^{-\alpha}+v^{-\alpha}+w^{-\alpha}-2)^{-\frac{1}{\alpha}} \quad (\alpha > 0) \tag{9-21}$$

（4）三维 Gumbel Copula 函数联合概率分布模型

$$C(u,v,w;\alpha) = \exp\left\{-\left[(-\ln u)^{\alpha}+(-\ln v)^{\alpha}+(-\ln w)^{\alpha}\right]^{\frac{1}{\alpha}}\right\} \quad (\alpha > 1) \tag{9-22}$$

（5）三维 t-Copula 函数联合概率分布模型

$$C(u,v,w;\boldsymbol{\rho},k) = t_{\boldsymbol{\rho},k}\left[t_k^{-1}(u),t_k^{-1}(v),t_k^{-1}(w)\right] \tag{9-23}$$

式（9-20）~式（9-22）中：α 为 Frank Copula、Clayton Copula 和 Gumbel Copula 函数中描述三个变量相互关系的参数。

式（9-19）和式（9-23）中：$\boldsymbol{\rho}$ 为对角线上的元素全为 1 的 3 阶对称正定矩阵；$\Phi_{\boldsymbol{\rho}}$ 为相关系数矩阵为 $\boldsymbol{\rho}$ 的三元标准正态分布的分布函数；Φ^{-1} 为标准正态分布的分布函数的逆函数；$t_{\boldsymbol{\rho},k}$ 为相关系数矩阵为 $\boldsymbol{\rho}$、自由度为 k 的标准三元 t 分布的分布函数；t_k^{-1} 为自由度为 k 的三元 t 分布的分布函数的逆函数。

9.2.3　Copula 函数拟合检验和拟合优度评价方法

Copula 函数的拟合度检验主要是看看选用的 Copula 函数是否合适，能不能恰当地描述变量之间的相关性，而通过拟合检验的 Copula 函数可以根据拟合优度评价指标进行下一步的优选 Copula 模型，主要运用 Kolmogorov-Smirnov（K-S）检验统计量 D 进行 Copula 函数的拟合度检验。拟合优度评价是筛选 Copula 函数联合分布概率的重要标准，目前常用的拟合优度评价方法主要有图形评价分析法、均方根误差法（RMSE）、AIC 准则法和 BIC 法。

9.2.3.1　K-S 检验统计量 D

$$D = \max_{1 \leq k \leq n}\left\{\left|C_k - \frac{m_k}{n}\right|,\left|C_k - \frac{m_k-1}{n}\right|\right\} \tag{9-24}$$

式中：C_k 为联合观测样本 $x_k = (x_{1k},x_{2k},x_{3k})$ 的 Copula 函数值；m_k 为联合观测样本中满足 $x \leq x_k$，即同时满足 $x_1 \leq x_{1k}, x_2 \leq x_{2k}, x_3 \leq x_{3k}$ 的联合观测值的个数。

9.2.3.2 图形评价分析法

该法主要是利用图形直观地表述拟合的优劣程度,将求得的经验联合概率值与理论联合概率值绘制成散点图,若点距比较均匀地分布在 45°线附近,则说明建立的 Copula 联合概率分布模型是较为合理的。

二维联合经验频率分布可以表示为

$$F(x_i, y_i) = P(X \leqslant x_i, Y \leqslant y_i) = \frac{\sum_{m=1}^{i}\sum_{l=1}^{i} N_{ml} - 0.44}{N + 0.12} \tag{9-25}$$

三维联合经验频率分布可以表示为

$$F(x_i, y_i, z_i) = P(X \leqslant x_i, Y \leqslant y_i, Z \leqslant z_i) = \frac{\sum_{m=1}^{i}\sum_{l=1}^{i}\sum_{p=1}^{i} N_{mlp} - 0.44}{N + 0.12} \tag{9-26}$$

式中:F 为经验联合概率分布;N_{ml} 为同时满足 $X \leqslant x_i$,$Y \leqslant y_i$ 时的联合观测值的个数;N_{mlp} 为同时满足 $X \leqslant x_i$,$Y \leqslant y_i$,$Z \leqslant z_i$ 时的联合观测值的个数;N 为系列长度。

9.2.3.3 均方根误差法(RMSE)

$$RMSE = \sqrt{\frac{1}{n}\sum_{i=1}^{n} [P_c(i) - P_0(i)]^2} \tag{9-27}$$

式中:n 为变量系列长度;$P_c(i)$ 为 Copula 函数多元联合概率分布计算值;$P_0(i)$ 为 Copula 函数多元联合概率分布经验值。

9.2.3.4 AIC 准则法

$$MSE = \frac{1}{n-m}\sum_{i=1}^{n} [P_c(i) - P_0(i)]^2 \tag{9-28}$$

$$AIC = n\ln MSE + 2m \tag{9-29}$$

式中:m 为模型参数的个数;其余字母含义同前。

9.2.3.5 BIC 法

$$BIC = n\ln MSE + m\ln n \tag{9-30}$$

对于均方根误差法(RMSE)、AIC 准则法、BIC 法,它们的值越小,则表明 Copula 联合概率分布函数拟合得就越好。

9.3 水体富营养化联合风险概率分析

9.3.1 水体富营养化边缘分布的建立

通过已建立的水体富营养化模型模拟水体富营养化指标(SD、Chl-a、TN、TP、COD)的模拟序列,得到水体富营养化指标模拟序列的经验频率分布,即 5 个水体富营养化指标模拟序列的理论频率分布。将 5 个频率分布作为水体富营养化指标的边缘分布,运用

Copula 函数建立 5 个水体富营养化指标的概率联合分布模型。水体富营养化指标的经验
频率分布与计算频率的拟合情况如图 9-1 所示。

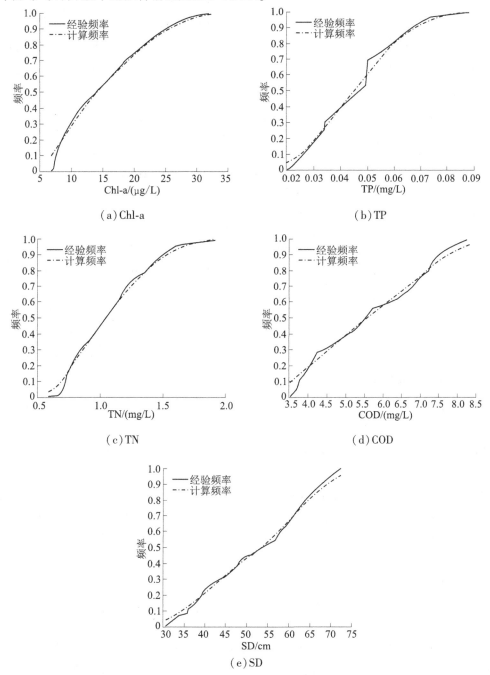

（a）Chl-a　（b）TP　（c）TN　（d）COD　（e）SD

图 9-1 水体富营养化指标经验频率与计算频率的拟合情况

　　结合目前我国湖泊各指标对应的营养状态分级标准的限值情况（见表 9-1），依据水
体富营养化指标的边缘频率分布情况，得到各水体富营养化指标标准限值的模拟频率如
表 9-2 所示，其中 Chl-a、TP、TN 和 COD 为累积频率，而 SD 为超越频率。

表 9-1　湖泊水质指标营养等级限值

水质指标		营养等级				
		贫营养	中营养	轻度富营养	中度富营养	重度富营养
Chl-a/(μg/L)	≤	2	10	26	65	1000
TP/(mg/L)	≤	0.005	0.05	0.1	0.2	1.3
TN/(mg/L)	≤	0.05	0.5	0.8	2	14
COD/(mg/L)	≤	0.4	4	8	10	60
SD/cm	>	500	100	50	40	12

表 9-2　湖泊水质指标营养等级的限值对应的累计频率　　　　　%

水质指标		营养等级				
		贫营养	中营养	轻度富营养	中度富营养	重度富营养
Chl-a	≤	0	30.57	92.88	100.00	100.00
TP	≤	0	69.14	100.00	100.00	100.00
TN	≤	0	0.00	25.14	100.00	100.00
COD	≤	0	17.43	96.29	100.00	100.00
SD	>	0	0.00	55.71	76.57	100.00

9.3.2　Copula 函数的选择

对眉湖水体富营养化指标 SD、Chl-a、TN、TP、COD 进行二维和三维组合,都有 10 种组合方式。由于 Chl-a 是体现水体中藻类生长的主要指标,TN 和 TP 是藻类生长的主要营养物质,为了分析水体富营养化指标联合风险概率,本书选择对(TP,TN)、(Chl-a,SD)、(Chl-a,TP)、(Chl-a,COD)4 种二维组合方式以及(Chl-a,TP,TN)、(Chl-a,TP,SD)、(Chl-a,TN,COD)、(TP,TN,COD)4 种三维组合方式进行分析。同时,先利用 Gaussian、Frank、Clayton、Gumbel 4 种 Copula 函数对二维组合方式以及利用 Gaussian Copula 和 t-Copula函数对三维组合方式进行拟合检验,再通过拟合优度评价筛选各组合方式适用的 Copula 函数。

9.3.2.1　拟合检验

根据二维和三维 Copula 函数联合分布模型和水体富营养化指标模拟系列所得到的模拟频率,同时计算出各组合方式下不同 Copula 函数联合分布的统计量 D,如表 9-3 所示。取 K-S 检验的显著性水平 $\alpha = 0.02$,$n = 350$ 对应的分位点值为 0.817 8,从表 9-3 中可以看出,各组合方式下不同 Copula 函数联合分布的统计量 D 均小于 0.817 8,因此各组合方式均可运用对应的 Copula 函数模型进行计算。为了选择出各组合方式下最适合的 Copula 函数类型,需要进行下一步的拟合优度评价。

表 9-3　各组合方式下不同 Copula 函数联合概率分布拟合检验统计量 D

函数类型	组合方式			
	(TP,TN)	(Chl-a,SD)	(Chl-a,TP)	(Chl-a,COD)
Gumbel Copula	0.074 59	0.046 5	0.071 59	0.075 80
Clayton Copula	0.062 89	0.050 3	0.058 88	0.080 00
Frank Copula	0.074 29	0.046 8	0.071 89	0.081 30
Gaussian Copula	0.070 89	0.046 5	0.067 09	0.078 60
函数类型	(Chl-a,TP,TN)	(Chl-a,TP,SD)	(Chl-a,TN,COD)	(TP,TN,COD)
Gaussian Copula	0.064 487	0.056 584	0.073 293	0.057 985
t-Copula	0.067 988	0.064 486	0.074 493	0.062 686

9.3.2.2　拟合优度评价

　　根据二维和三维联合经验频率分布计算出各组合方式的经验联合频率值,结合二维和三维 Copula 函数联合分布模型计算各组合方式下的理论联合频率值,将二者绘制成散点图,如图 9-2 和图 9-3 所示。

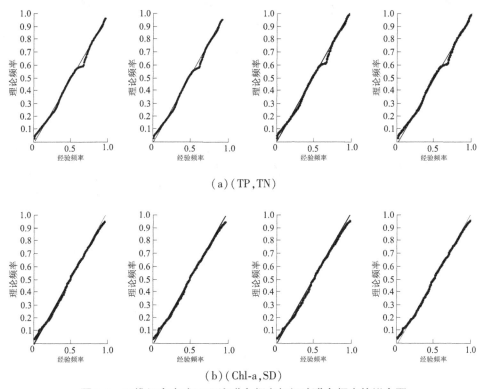

（a）（TP,TN）

（b）（Chl-a,SD）

图 9-2　二维组合方式下理论联合频率与经验联合频率的拟合图

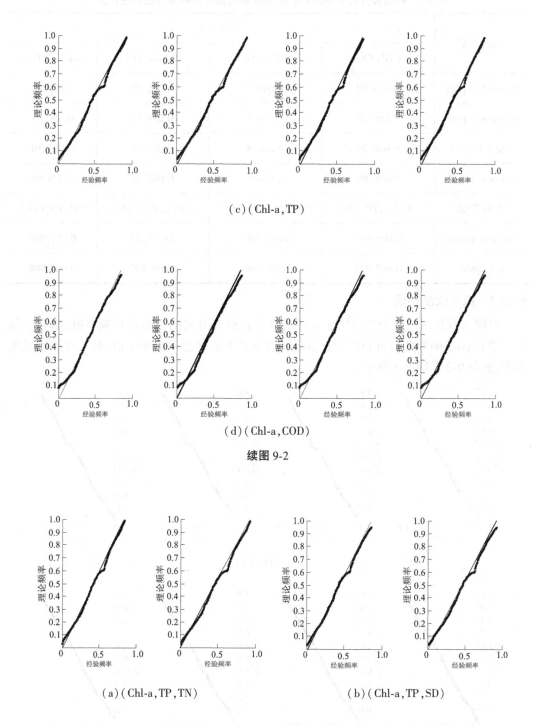

（c）（Chl-a,TP）

（d）（Chl-a,COD）

续图 9-2

（a）（Chl-a,TP,TN）   （b）（Chl-a,TP,SD）

图 9-3   三维组合方式下理论联合频率与经验联合频率的拟合

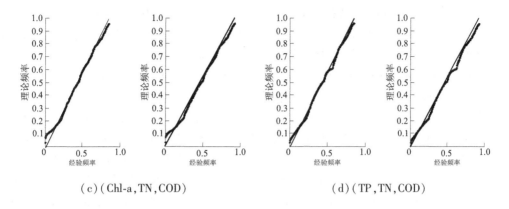

（c）（Chl-a，TN，COD）　　　　　　　　（d）（TP，TN，COD）

续图 9-3

从图 9-2 和图 9-3 中可以看出，各组合方式下 Copula 函数的拟合效果均较好，单从直观上不易区分出各种 Copula 函数拟合效果的明显差别，为了定量地分析 Copula 函数理论联合频率值与经验联合频率值的拟合优劣程度，利用均方根误差法（RMSE）、AIC 准则法以及 BIC 法对各 Copula 函数进行进一步的拟合优度评价，以确定各组合方式最优的 Copula 函数，其计算结果如表 9-4 所示。

表 9-4　各种组合方式下不同 Copula 函数联合概率分布的拟合优度评价

方法	函数类型	组合方式			
		（TP，TN）	（Chl-a，SD）	（Chl-a，TP）	（Chl-a，COD）
RMSE	Gumbel Copula	0.023 4	0.018 4	0.023 2	**0.027 8**
	Clayton Copula	**0.021 6**	**0.017 6**	**0.020 8**	0.028 4
	Frank Copula	0.023 7	0.018 7	0.023 8	0.029 1
	Gaussian Copula	0.022 8	0.017 9	0.022 3	0.028 0
AIC	Gumbel Copula	−2 619.10	−2 786.38	−2 625.11	**−2 499.26**
	Clayton Copula	**−2 674.74**	**−2 817.85**	**−2 701.45**	−2 483.78
	Frank Copula	−2 611.10	−2 778.00	−2 608.05	−2 467.26
	Gaussian Copula	−2 636.30	−2 807.28	−2 652.57	−2 495.13
BIC	Gumbel Copula	−2 607.53	−2 774.80	−2 613.54	**−2 487.68**
	Clayton Copula	**−2 663.16**	**−2 806.28**	**−2 689.87**	−2 472.20
	Frank Copula	−2 599.53	−2 766.43	−2 596.48	−2 455.69
	Gaussian Copula	−2 624.72	−2 795.71	−2 641.00	−2 483.56
方法	函数类型	（Chl-a，TP，TN）	（Chl-a，TP，SD）	（Chl-a，TN，COD）	（TP，TN，COD）
RMSE	Gaussian Copula	**0.021 7**	**0.017 8**	**0.025 3**	**0.023 4**
	t−Copula	0.022 3	0.018 5	0.026 5	0.024 3
AIC	Gaussian Copula	**−2 669.83**	**−2 806.60**	**−2 561.67**	**−2 616.76**
	t−Copula	−2 651.09	−2 782.64	−2 530.06	−2 589.68
BIC	Gaussian Copula	**−2 654.40**	**−2 791.16**	**−2 546.24**	**−2 601.33**
	t−Copula	−2 635.65	−2 767.21	−2 514.63	−2 574.25

注：字体加黑部分为 RMSE、AIC 和 BIC 的最小值。

根据 RMSE、AIC 和 BIC 的值越小，则 Copula 联合概率分布函数拟合得就越好的准则。从表 9-4 中可以看出，对于二维组合方式（TP，TN）、（Chl-a，SD）和（Chl-a，TP），三种组合方式在 Clayton Copula 函数下,RMSE 最小分别为 0.021 6、0.017 6 和 0.020 8,AIC 最小分别为 -2 674.74、-2 817.85 和 -2 701.45,BIC 最小分别为 -2 663.16、-2 806.28 和 -2 689.87,故这三种组合方式拟合效果最好的 Copula 函数为 Clayton Copula 函数;(Chl-a,COD) 在 Gumbel Copula 函数下,RMSE 最小为 0.027 8,AIC 最小为 -2 499.26,BIC 最小为 -2 487.68,(Chl-a,COD) 拟合效果最好的 Copula 函数为 Gumbel Copula 函数。对于三维组合方式 (Chl-a,TP,TN)、(Chl-a,TP,SD)、(Chl-a,TN,COD) 和 (TP,TN,COD),四种组合方式在 Gaussian Copula 函数下,RMSE 最小分别为 0.021 7、0.017 8、0.025 3 和 0.023 4,AIC 最小分别为 -2 669.83、-2 806.60、-2 561.67 和 -2 601.76,BIC 最小分别为 -2 654.40、-2 791.16、-2 546.24和-2 601.33,故这四种组合方式拟合效果最好的 Copula 函数为 Gaussian Copula 函数。因此,选用拟合优度最好的 Clayton Copula 函数、Gumbel Copula 函数和 Gaussian Copula 函数分别计算二维和三维水体富营养化指标的联合风险概率。

9.3.3　水体富营养化指标二维联合风险概率

根据选取二维组合方式下拟合效果最好的 Copula 函数模型,对 4 种组合方式进行分析得到对应的组合方式下的联合分布函数,如图 9-4 所示。

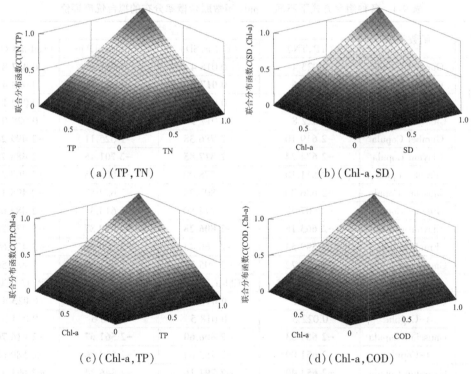

(a)(TP,TN)

(b)(Chl-a,SD)

(c)(Chl-a,TP)

(d)(Chl-a,COD)

图 9-4　各组合方式下二维 Copula 函数联合概率分布

基于建立的 Clayton Copula 函数联合分布模型,对眉湖水体富营养化指标二维组合超标风险概率进行研究,选取 4 种组合方式的组合超标风险进行分析,具体的二维联合风险概率如表 9-5 所示。

表 9-5　水体富营养化指标二维联合风险概率 %

联合风险概率	中营养 （TP）	轻度富营养 （TP）	中度富营养 （TP）
轻度富营养（TN）	17.38	7.76	0
中度富营养（TN）	51.76	23.10	0
联合风险概率	中营养 （Chl-a）	轻度富营养 （Chl-a）	中度富营养 （Chl-a）
轻度富营养（SD）	0.01	48.58	7.12
中度富营养（SD）	7.16	13.70	0
重度富营养（SD）	23.4	0.03	0
联合风险概率	中营养 （Chl-a）	轻度富营养 （Chl-a）	中度富营养 （Chl-a）
中营养（TP）	30.57	38.51	0.06
轻度富营养（TP）	0	23.80	7.06
联合风险概率	中营养 （Chl-a）	轻度富营养 （Chl-a）	中度富营养 （Chl-a）
中营养（COD）	17.41	0.02	0
轻度富营养（COD）	13.16	62.29	3.41
中度富营养（COD）	0	0	3.71

由表 9-5 可知,当 Chl-a 和 COD 均为轻度富营养时,二者的联合风险概率为 62.29%;当 TP 为中营养、TN 为中度富营养时,二者的联合风险概率为 51.76%,这两种状态下二者的联合风险概率均较大,说明眉湖水质在这两种状态下受到的影响较大。当 Chl-a 和 SD 均为轻度富营养时,二者的联合风险概率为 48.58%;当 TP 为中营养、Chl-a 为轻度富营养时,二者的联合风险概率为 38.51%;而有些情况下二维联合风险概率较小,当 TP 为中营养、Chl-a 为中度富营养时,二者的联合风险概率为 0.06%;当 Chl-a 为轻度富营养、COD 为中营养时,二者的联合风险概率为 0.02%;当 Chl-a 为中营养、SD 为轻度富营养时,二者的联合风险概率为 0.01%,说明眉湖水质在这些状态下受到的影响较小。

9.3.4　水体富营养化指标三维联合风险概率

基于建立的 Gaussian Copula 函数联合分布模型,对眉湖水体富营养化指标三维组合超标风险概率进行研究,选取 4 种组合方式的组合超标风险进行分析,具体的三维联合风险概率如表 9-6 所示。

表 9-6　水体富营养化指标三维联合风险概率　　　　　　　　%

联合风险概率		轻度富营养 （TN）	中度富营养 （TN）	轻度富营养 （SD）	中度富营养 （SD）	重度富营养 （SD）
中营养（Chl-a）	中营养（TP）	5.58	24.99	0.02	7.32	23.23
轻度富营养（Chl-a）	中营养（TP）	9.70	28.87	24.83	13.54	0.20
	轻度富营养（TP）	7.15	16.59	23.74	0	0
中度富营养（Chl-a）	轻度富营养（TP）	2.71	4.41	7.12	0	0

联合风险概率		中营养 （TP）	轻度富营养 （TP）	中营养 （Chl-a）	轻度富营养 （Chl-a）	中度富营养 （Chl-a）
中营养（COD）	轻度富营养（TN）	2.78	0	2.78	0	0
	中度富营养（TN）	14.65	0	14.65	0	0
轻度富营养（COD）	轻度富营养（TN）	12.50	8.32	2.80	16.85	1.17
	中度富营养（TN）	39.21	18.83	10.34	45.46	2.24
中度富营养（COD）	轻度富营养（TN）	0	1.54	0	0	1.54
	中度富营养（TN）	0	2.17	0	0	2.17

　　由表 9-6 可知，当 COD 和 Chl-a 都为轻度富营养、TN 为中度富营养时，三者的联合风险概率为 45.46%；当 COD 为轻度富营养、TN 为中度富营养、TP 为中营养时，三者的联合风险概率为 39.21%，这两种状态下三者的联合风险概率相对较大，说明眉湖水质在这两种状态下受到的影响较大。当 Chl-a 为轻度富营养、TP 为中营养、TN 为中度富营养时，三者的联合风险概率为 28.87%；当 Chl-a 和 SD 都为轻度富营养、TP 为中营养时，三者的联合风险概率为 24.83%。而有些情况下三维联合风险概率较小，当 Chl-a 为中度富营养、TP 和 TN 都为轻度富营养时，三者的联合风险概率为 2.71%；当 COD 为中度富营养、TN 和 TP 都为轻度富营养时，三者的联合风险概率为 1.54%；当 COD 和 Chl-a 为中度富营养、TN 为轻度富营养时，三者的联合风险概率为 1.54%；当 Chl-a 和 TP 都为中营养、SD 为轻度富营养时，三者的联合风险概率为 0.02%，说明眉湖水质在这些状态下受到的影响较小。

　　综上所述，眉湖水体富营养化受到多种因素的多重影响，对于 4 种二维组合方式，当 Chl-a 和 COD 都为轻度富营养时联合概率最大，为 62.29%，说明这种组合方式下眉湖水体极易发生轻度富营养。对于组合（TP，TN），当 TP 富营养化程度一定时，随着 TN 富营养化程度的增加二者的联合概率增大；而当 TN 富营养化程度一定时，随着 TP 富营养化程度的增加二者的联合概率减小，说明组合（TP，TN）联合概率受到 TN 影响较大。对于组合（Chl-a，SD），当 Chl-a 为中营养时，随着 SD 富营养化程度的增加，二者的联合概率增大；而 Chl-a 为轻度富营养时，随着 SD 富营养化程度的增加，二者的联合概率减小，且 SD 出现了重度富营养状态。对于 4 种三维组合方式，当 Chl-a 和 COD 都为轻度富营养、TN 为中度富营养时联合概率最大为 45.46%，说明这种组合方式下眉湖水体极易发生中度富营养。对于组合（Chl-a，TP，TN），当 Chl-a 和 TP 富营养化程度一定时，随着 TN 富营养化程度的增加,三者的联合概率增大;当 Chl-a 和 TN 富营养化程度一定时,随着 TP 富营养化程度的增加,三者的联合概率减小。对于组合(TP,TN,COD),当 TP 和 COD 富营养化程度一定时,随着 TN 富营养化程度的增加,三者的联合概率增大;当 COD 为中营养或轻度富营养、TN 富营养化程度一定时,随着 TP 富营养化程度的增加,三者的联合概率减小。对于组合(Chl-a,TN,COD),当 Chl-a 和 COD 富营养化程度一定时,随着 TN 富营养化程度的增加,三者的联合概率增大。而各种组合方式的联合概率较小甚至出现了联合概率为 0 的情况,这主要是因为监测数据系列相对较短,一些指标的监测数据过度地集中在一个富营养化状态范围内,故出现了以上的情况。为了更加精确合理地分析眉湖水体富营养化发生的联合风险概率,需要进一步地对眉湖进行监测增加数据系列。

第 10 章 结论与展望

10.1 主要结论

本书以郑州大学校园内小型景观湖眉湖为例,研究内容包含实验设计及过程、不同光盐条件下藻类生长室内实验研究、水体环境驱动因子识别及富营养化评价、基于 MIKE 21 的水体富营养化数值模拟、基于水体透明度的水体富营养化数值模拟、光盐条件对水体藻类生长的贡献率研究以及基于 Copula 函数的水体富营养化联合风险概率研究等内容。通过相关研究得到以下主要结论,具体如下:

(1)在室内浮游藻类培养实验过程中可以发现,在水体中藻类生长变化过程中,光照是最主要的影响因子,可以直接决定水体中浮游藻类的总体生长趋势,无光条件下的藻类生长过程即使水体中氮、磷营养盐充足而又不抑制藻类生长的情况下,藻类指标叶绿素 a 和藻蓝蛋白衰减速率依然是最大;而对比在同样光照条件下的藻类生长情况可知,水体中加入营养盐情况下藻类指标的变化情况为生长时的增加速率较大,而在衰减时的衰减速率也同样大于原湖水条件,表明水体中营养盐浓度较高时,对藻类的生长和衰减都起到促进作用。总体情况为在对水体藻类浓度指标叶绿素 a 的观察中可知,光照的影响程度大于营养盐的影响,营养盐中磷营养盐在叶绿素 a 生长过程中的促进作用大于氮营养盐,而对叶绿素 a 的衰减抑制作用小于氮营养盐的。对藻类浓度指标藻蓝蛋白浓度变化的观测中可知,光照仍为影响藻类生长的主要影响因素,加入营养盐后水体中藻蓝蛋白浓度波动比自然水体情景下剧烈,其影响程度为氮营养盐作用大于磷营养盐的影响。

(2)根据水质、底泥的变化规律可知,在小型人工湖泊中内在因素(水流状况、水生植物等)和外界因素(如湖中引进物种、人类活动以及天气状况等)对水质和底泥的污染物浓度以及二者之间的转化作用影响较大;整体上监测断面Ⅰ、Ⅱ、Ⅲ处水体的水质状况较差,监测断面Ⅳ、Ⅴ和取样点 0# 处水体的水质状况相对较好。从监测指标间相关性分析可知,SD 与 PYT 和 Chl-a 具有显著的负相关性,相关系数分别达到了 -0.763 和 -0.785,而浊度与 PYT 和 Chl-a 具有显著的正相关性,相关系数分别达到了 0.787 和 0.808;pH 与 EC(-0.812)具有较大的负相关性,而与 COD(0.712)和 BOD_5(0.724)具有显著的正相关性;Chl-a 与 PYT、TN 和 IL 具有显著的正相关性,相关系数分别达到了 0.958、0.718 和 0.902;PYT 与 IL(0.842)具有较大的正相关性,COD 与 BOD_5 的相关系数为 0.751,TN 与 NO_3-N 具有显著的正相关性,二者的相关系数达到了 0.877。通过主成分和主因子分析得到影响眉湖水环境状况的主要影响因子为 SD、水温、pH、EC、ORP、Chl-a、PYT、COD、TP、TN;并通过各主要影响因子间的相互作用识别了影响藻类生长的限制因子,结果表明 Chl-a、SD、COD、TP、TN 为影响眉湖水体富营养化的主要限制因子。结合综合营养状态指数法和评分法对眉湖水体富营养化指标进行评价可知,眉湖各监测断面基本上都处于轻度富营养和中度富营养状态,说明在实验监测时间段内眉湖水体基本处于水体富营养化状态。

(3)在眉湖水体富营养化模型构建结果验证中,根据实测水动力条件与水质监测数据将模型模拟精度调整出可接受结果。对水体的光照对藻类生长的影响设计主要是从浮游植物光合作用角度设计,以光照对浮游植物光合作用的影响作为光照对浮游藻类的影响,根据光削减函数计算出不同深度的光削减系数,然后用光削减系数与水深进行函数拟合,得出水深与光削减函数的拟合方程。对 Chl-a、TN 和 TP 三种指标的模拟值与实测值的比较得出,三种指标中的模拟值与实测值最大相对误差均小于 20%,其中,TP 指标相对误差最小,TP 指标相对误差最大,Chl-a 居中,但通过对比三者实测值与模拟值相对误差和浓度变化趋势可知,本次模拟结果符合预期要求,故该模型可作为眉湖水体富营养化模型,对不同情景下水体中 Chl-a 变化进行模拟。当水体中氮营养盐增加会驱动水体中叶Chl-a 的增长,但其浓度超过一定范围后,水体中 Chl-a 浓度反而开始减少;适合藻类生长的水体中最佳氮浓度可能在原始条件的 3 倍左右。当水体中磷营养盐增加会驱动水体中Chl-a 的增长,但其浓度到达一定值时,水体中 Chl-a 浓度增长变化量开始减缓,从模拟实验可知,有利于 Chl-a 生长的最佳磷浓度约在 4 倍原始磷浓度(0.236 mg/L)左右。当光照强度仅升高到原光照强度的 1.5 倍时,可能到了藻类生长的最佳光照条件,此后光照强度增加便开始抑制藻类的生长。在同时改变多种影响因素条件下,光照强度与磷营养盐的作用程度大于光照强度与氮营养盐的共同作用大于氮磷含量共同加倍的影响作用。总体来说,无论是室内实验还是模型模拟情况下,光照对藻类生长的影响最为明显,而氮、磷营养盐对藻类指标 Chl-a 的影响对于室内实验和模拟结果在分析上有差异,前者中氮营养作用稍强于磷的,而模拟中磷营养作用却又高于氮的。

(4)运用人工神经网络模型建立了眉湖中 PYT 和 Chl-a 含量与 SD、COD、TP 和 TN 间的黑箱模型以确定它们的非线性关系,PYT 和 Chl-a 模拟结果表明它们率定期模型的效率分别达到了 86.87% 和 93.81%,满足模型建模的需求,且模型在率定期和检验期相对误差(绝对值)的平均值也达到了一定的标准,故可以用 SD、COD、TP、TN 来模拟眉湖 PYT 的生长和 Chl-a 含量的变化。识别了影响眉湖水体透明度的主要影响因素,并建立了水体透明度与影响因子间的多元回归模型;结合比尔定律建立水体透明度与光照强度衰减系数的定量关系,并根据水体富营养化基本模型和水动力模型构建了基于水体透明度的富营养化模型,分析了模型参数的敏感性且对模型参数进行了率定和验证,结果表明构建的基于水体透明度的富营养化模型对眉湖水体富营养化的模拟结果较为适合。设置不同情境对藻类生长进行模拟分析,光照强度过大或过小都对藻类生长具有一定的抑制作用;一般情况下,当水体透明度减小时对藻类生长有一定的促进作用,而当水体透明度增大时对藻类生长有一定的抑制作用;营养盐(TN、TP)浓度增大到一定限度时会对藻类生长起抑制作用,TP 浓度变化对藻类生长的影响要比 TN 浓度变化对藻类生长的影响大,说明眉湖水体中促进藻类生长的主要营养盐是 TP。

(5)针对不同情景下的藻类生长差异,计算了室内培养实验与模型模拟结果下的浮游藻类生长过程中影响因子的贡献率,其中在计算室内实验条件下影响因子对藻类变化的贡献率分别从叶绿素 a 和藻蓝蛋白两个藻类含量指标入手,计算结果为在对叶绿素 a

衰减抑制作用的影响因子贡献率中光照强度最大,氮、磷营养盐居后,其中光照强度贡献率为-28.27%、磷营养盐贡献率为-33.84%、氮营养盐贡献率为-37.89%。模型模拟结果中各影响因子对叶绿素 a 的生长促进作用贡献率结果,光照影响因子为 56.61%,磷营养盐为28.37%,氮营养盐为15.02%。即在实验和模型模拟情景中,影响因子贡献率计算结果显示,光照因子对藻类生长的影响作用最为显著,其次为磷营养盐,氮营养盐的贡献率最小。

(6)结合眉湖水体富营养化模型模拟结果,在 Copula 函数基本原理下建立了水体富营养化指标的边缘分布和 Copula 函数的二维和三维联合概率分布。通过 Copula 函数拟合检验和拟合优度评价筛选出不同组合方式下最优的 Copula 函数,得到二维组合方式(TP,TN)、(Chl-a,SD)和(Chl-a,TP)拟合效果最好的 Copula 函数为 Clayton Copula 函数,(Chl-a,COD)拟合效果最好的 Copula 函数为 Gumbel Copula 函数;三维组合方式(Chl-a,TP,TN)、(Chl-a,TP,SD)、(Chl-a,TN,COD)和(TP,TN,COD)拟合效果最好的 Copula 函数为 Gaussian Copula。根据计算出的不同组合方式下的二维和三维联合风险概率可知,不同组合方式下各水体富营养化指标达到不同富营养化状态时的联合风险概率区别较大,当 Chl-a 和 COD 都为轻度富营养时二维联合风险概率最大,为 62.29%;当 COD 和 Chl-a 都为轻度富营养、TN 为中度富营养时,三维联合风险概率最大,为 45.46%,受到监测系列的影响一些二维和三维联合风险概率较小甚至为零。

10.2 主要创新点

(1)开展多情景室内藻类培养实验,分析观察除氮、磷营养盐差异外,结合光照条件的不同观察水体中藻类含量变化趋势,观察不同影响因子对藻类生长的促进作用和对藻类衰减过程的抑制作用。

(2)在识别影响水体透明度影响因子的基础上,建立了透明度与影响因子间的多元回归模型,根据比尔定律建立水体透明度与光照强度衰减系数的定量关系,结合富营养化基本模型和水动力模型构建了基于水体透明度的富营养化模型,并在不同情境下对藻类生长进行模拟分析。

(3)根据室内实验多情景设计下的藻类浓度变化情况和 DHI MIKE Zreo 计算机模型模拟下的多情景藻类生长模拟结果,量化出不同影响因子在藻类生长过程中的贡献率,更加直观具体地了解到不同影响因子在藻类生长过程中的影响作用。

(4)在建立水体富营养化指标边缘分布的基础上,结合相关的 Copula 函数拟合检验和拟合优度评价,建立了水体富营养化指标二维和三维 Copula 函数的联合分布,并对不同水体富营养化指标二维和三维组合方式计算联合风险概率,定量分析眉湖不同水体富营养化指标组合方式下的联合风险。

10.3　研究展望

本书虽然取得了相应的成果,但还存在一定的问题和不足,具体如下:

(1)在室内实验设计中,由于实验场地较小而培养容器较大,实验每组只能设计 6 种实验情景,实验情景相对较少。另外,室内实验环境下的温度处于不可控条件,加上天气变化对气温的影响,导致各组实验进行过程中,由于实验时间段的差异出现温度条件改变。

(2)本书研究水体藻类生长驱动机制目前只是引用了光照条件,氮、磷营养盐三种影响因子,而自然条件下对水体藻类生长起显著作用的影响因素远大于 3 种,比如温度、微量元素、pH 以及人工合成有机物等,再远期甚至还可以考虑大型水生植物、水域面积等因素的影响。

(3)本书研究开展并非针对特定藻类种群,并未对水体中藻类加以分类,在今后的工作中针对多重影响因子对特定藻类生长影响的研究还需进一步开展,分析出不同藻类种群在多影响因子共同作用下生长变化趋势的异同。

(4)在建立基于水体透明度的富营养化模型时,主要考虑的是水质和光照强度因素的影响作用,而没有考虑悬浮物和底泥对水质的影响作用,水体富营养化机理是一个复杂的过程,如果想要准确地描述水体富营养化的作用机理,则需要全面考虑各种影响因素。

(5)要加强水下光照强度与水生植物方面的研究,分析小型人工湖中水下光照强度补偿对水生植物的生长及相关生理指标的影响,同时分析水生植物对小型人工湖水体的净化作用,为小型人工景观湖水体净化提供一定的科学依据。

参考文献

[1] 秦伯强,高光,朱广伟,等.湖泊富营养化及其生态系统响应[J].科学通报,2013,58(10):855-864.

[2] 吴锋,战金艳,邓祥征,等.中国湖泊富营养化影响因素研究:基于中国 22 个湖泊实证分析[J].生态环境学报,2012,21(1):94-100.

[3] 刘圣尧,沈孔成.城市人工湖泊水质保障设计实例简析[J].浙江水利水电学院学报,2014(3):54-58.

[4] 许金花,潘伟斌,张海燕.城市小型浅水人工湖泊浮游藻类与水质特征研究[J].生态科学,2007,26(1):36-40.

[5] 林文戈.城市人工湖水质预测与评价方法研究[D].西安:西安建筑科技大学,2008.

[6] Lee Y G, An K G, Ha P T, et al. Decadal and seasonal scale changes of an artificial lake environment after blocking tidal flows in the Yeongsan Estuary region, Korea [J]. Science of the Total Environment, 2009, 407:6063-6072.

[7] Smayda T J. Reflections on the ballast water dispersal-harmful algal bloom paradigm [J]. Harmful Algae, 2007(6):601-622.

[8] 陈能汪,章颖瑶,李延风.我国淡水藻华长期变动特征综合分析[J] 生态环境学报,2010,19(8):1994-1998.

[9] Jørgensen S E, Nielsen S N. Models of the structural dynamics in lakes and reservoirs [J]. Ecological Modeling, 1994, 74: 39-46.

[10] Ryther J H, Dunstan W M. Nitrogen, Phosphorus, and Eutrophication in the Coastal Marine Environment [J]. Science, 1971, 171(3975): 1008-1013.

[11] Wolfgang R. Catalytic mobilization of phosphate in lake water and by Cyanophyta [J]. Hydrobiologia, 1971, 38(3): 377-394.

[12] Schindler D W. Evolution of phosphorus limitation in lakes [J]. Science, 1977, 195: 260-262.

[13] Yoshimasa A, Yusuke S, Takumi S, et al. Effect of phosphorus fluctuation caused by river water dilution in eutrophic lake on competition between blue-green alga *Microcystis aeruginosa* and diatom *Cyclotella* sp. [J]. Journal of Environmental Sciences, 2010, 22(11): 1666-1673.

[14] Oliver Allison A, Dahlgren Ranndy A, Deas Michael L. The upside-down river: Reservoirs, algal blooms, and tributaries affect temporal and spatial patterns in nitrogen and phosphorus in the Klamath River, USA [J]. Journal of Hydrology, 2014, 519:164-176.

[15] Jonasz M,Prandke H. Comparison of measured and computed light scattering in the Baltic[J]. Tellus, 1986 (38B): 144-157.

[16] Gaiser E E, Deyrup E D, Bachmann W, et al. Multidecadal climate oscillations detected in a transparency record from a subtropical Florida lake [J]. Limnology and Oceanography, 2009, 54(6): 2228-2232.

[17] Takahashi M, Mamura I, Komatsunad S M. Ichimura Malti-regerssion anaylsis of microcystis bloom with various environmental parameters in eutrophic lake kasumigaura [J]. Hydrobiologia, 1981, 112:53-60.

[18] Christian E W,Hartmann H M. Planktonic bloom-forming Cyanobacteria and the eutrophication of lakes and rivers [J]. Freshwater Biolofy, 1998, 20(2): 279-287.

[19] Rietzler A C, Botta C R, Ribeiro M M, et al. Accelerated eutrophication and toxicity in tropical reservoir water and sediments: an ecotoxicological approach[J]. Environmental Science and Pollution Research,

2018, 25(14):13292-13311.

[20]Stutter M I, Graeber D, Evans C D, et al. Balancing macronutrient stoichiometry to alleviate eutrophica-tion[J]. Science of the Total Environment, 2018, 634：439-447.

[21]Rankinen K, Cano B J, Maria H, et al. Identifying multiple stressors that influence eutrophication in a Finnish agricultural river[J]. Science of the Total Environment, 2019, 658：1278-1292.

[22]Mark L W, Vera L T, Theodore J S. Harmful algal blooms and climate change：Learning from the past and present to forecast the future[J]. Harmful Algae, 2015, 49：68-93.

[23]Willy L. Effect of Carbohydrates on the Symbiotic Growth of Planktonic Blue-Green Algae with Bacteria [J]. Nature, 1967, 215(5107)：1277-1278.

[24]Tamiji Y, Hashimoto T, Tarutani K, et al. Effects of winds, tides and river water runoff on the formation and disappearance of the Alexandrium tamarense bloom in Hiroshima Bay, Japan [J]. Harmful Algae, 2002, 1(3):301-312.

[25]Braselton J, Braselton L. A model of harmful algal blooms [J]. Mathematical and Computer Modelling, 2004(40)：923-934.

[26]Hudnell H K, Jones C, Labisi B, et al. Freshwater harmful algal bloom (FHAB) suppression with solar powered circulation (SPC) [J]. Harmful Algae, 2010, 9(2)：208-217.

[27]Reynolds C S. The ecology of planktonic blue-green algae in the north Shropshire meres [J]. Field Studies, 1971, 3(2)：409-431.

[28]Robert Arfi. The effects of climate and hydrology on the trophic status of Sélingué Reservoir, Mali, West Africa [J]. Lakes & Reservoirs：Research and Management, 2003, 8(3-4)：247-257.

[29]王丽,唐纪伟.螺旋藻生长的气象条件分析[J].山东气象,1998,18(4):43-45.

[30]沈东升.平原水网水体富营养化的限制因子研究[J].浙江大学学报(农业与生命科学版),2001, 28(1):94-97.

[31]刘玉生,韩梅,梁占彬,等.光照、温度和营养盐对滇池微囊藻生长的影响[J].环境科学研究,1995,8 (6):7-11.

[32]姚绪姣,刘德富,杨正健,等.三峡水库香溪河库湾冬季甲藻水华生消机理初探[J].环境科学研究, 2012,25(6):645-651.

[33]黄钰铃,陈明曦.水华生消模拟及其溶解氧变化过程分析[J].环境科学与技术,2013,36(10):67-72.

[34]杨正健,俞焰,陈钊,等.三峡水库支流库湾水体富营养化及水华机理研究进展[J].武汉大学学报 (工学版),2017,50(4):507-516.

[35]黄爱平.鄱阳湖水文水动力特征及富营养化响应机制研究[D].北京:中国水利水电科学研究 院,2018.

[36]杨贵山,王德建.太湖流域经济发展·水环境·水灾害[M].北京:科学出版社,2003.

[37]许海,朱广伟,秦伯强,等.氮磷比对水华蓝藻优势形成的影响[J].中国环境科学,2011,31(10): 1676-1683.

[38]盛虎,郭怀成,刘慧,等.滇池外海蓝藻水华爆发反演及规律探讨[J].生态学报,2012,32(1):56-63.

[39]孔范龙,郗敏,徐丽华,等.富营养化水体的营养盐限制性研究综述[J].地球环境学报,2016,7(2): 121-129.

[40]李亚永.密云水库富营养化阈值与限制因子研究[D].开封:河南大学,2017.

[41]王文明,宋凤鸣,尹振文,等.城市湿地景观水体富营养化评价、机理及治理[J].环境工程学报, 2019,13(12):2898-2906.

[42]刘正文,张修峰,陈非洲,等.浅水湖泊底栖–敞水生境耦合对富营养化的响应与稳态转换机理:对湖

泊修复的启示[J].湖泊科学,2020,32(1):1-10.

[43]丰玥.独流减河流域水体富营养化内源机制与风险分析[D].天津:天津理工大学,2022.

[44]赵孟绪,韩博平.汤溪水库蓝藻水华发生的影响因子分析[J].生态学报,2005,25(7):1554-1561.

[45]王海云,程胜高,黄磊.三峡水库"藻类水华"成因条件研究[J].人民长江,2007,38(2):16-18.

[46]吕晋,邬红娟,马学礼,等.武汉市湖泊蓝藻分布影响因子分析[J].生态环境,2008,17(2):515-519.

[47]张艳会,罗上,李伟峰,等.不同湖泊水华发生机制研究进展[J].首都师范大学学报(自然科学版),2011,32(6):73-78.

[48]吴凯.太湖水华蓝藻上浮特征及其机理研究[D].南京:南京大学,2011.

[49]潘晓洁,黄一凡,郑志伟,等.三峡水库小江夏初水华暴发特征及原因分析[J].长江流域资源与环境,2015,24(11):1944-1951.

[50]汤显强.长江流域水体富营养化演化驱动机制及防控对策[J].人民长江,2020,51(1):80-87.

[51]胡晓燕,朱元荣,孙福红,等.河流氮磷和水量输入对太湖富营养化的影响机理研究[J].环境科学研究,2022,35(6):1407-1418.

[52]汤宏波,胡圣,胡征宇,等.武汉东湖甲藻水华与环境因子的关系[J].湖泊科学,2007,19(6):632-636.

[53]王成林,潘维玉,韩月琪,等.全球气候变化对太湖蓝藻水华发展演变的影响[J].中国环境科学,2010,30(6):822-828.

[54]谢国清,李蒙,鲁韦坤,等.滇池蓝藻水华光谱特征、遥感识别及暴发气象条件[J].湖泊科学,2010,22(3):327-336.

[55]王小冬,秦伯强,刘丽贞,等.底泥悬浮对营养盐释放和水华生长影响的模拟[J].长江流域资源与环境,2011,20(12):1481-1487.

[56]张艳晴,杨桂军,秦伯强,等.光照强度对水华微囊藻(Microcytis flos-aquae)群体大小增长的影响[J].湖泊科学,2014,26(4):559-566.

[57]Delarosa D, Moreno J A, Garcia L V. Expert Evaluation System for Assessing Field Vulnerability to Agrochemical Compounds in Mediterranean Regions[J]. Journal of Agricultural Engineering Research, 1993, 56(2): 153-164.

[58]陈为国,许文杰,张晓平,等.湖泊水体富营养化评价与可持续发展研究[J].节水灌溉,2000(6):47-49,52.

[59]李劢,郭兴芳,郑兴灿,等.城市景观水环境监测及富营养化评价:以天津市5处景观水体为例[J].环境保护科学,2020,46(6):129-132.

[60]赵梦,焦树林,梁虹.基于综合营养状态指数的喀斯特高原湖泊富营养化研究[J].水文,2020,40(3):9-15.

[61]刘光正,王明森,刘健,等.大明湖水污染物因子分析及富营养化评价[J].济南大学学报(自然科学版),2023,37(6):696-702.

[62]崔苗,张晨.基于综合营养状态指数的汾河景区湿地水体富营养化研究[J].中国水土保持,2023(4):49-52.

[63]何利聪,王东伟,张敏莹,等.淮河中游叶绿素a的时空分布特征及富营养化评价[J].大连海洋大学学报,2024(1):114-123.

[64]张昊,史小红,赵胜男,等.内蒙古查干淖尔湖东湖水体富营养化特征及其影响因素[J].湿地科学,2023,21(6):842-849.

[65]伍名群,简永远,杨江,等.贵州省黔东南州城市湖库型饮用水源氮磷污染特征及富营养化风险评价[J].贵州师范大学学报(自然科学版),2024,42(1):55-67.

[66]鲍广强,尹亮,余金龙,等.基于综合营养状态指数和BP神经网络的黑河富营养化评价[J].水土保持通报,2018,38(1):264-269.

[67]温春云,刘聚涛,胡芳,等.鄱阳湖水质变化特征及水体富营养化评价[J].中国农村水利水电,2020(11):83-88.

[68]彭园睿,何兴华,杨春灿,等.大理西湖湿地景观中水体富营养化及截留功能的季节变化[J].生态学杂志,2020,39(12):4078-4089.

[69]万育生,张乐群,付昕,等.丹江口水库营养程度分析评价及富营养化防治研究[J].北京师范大学学报(自然科学版),2020,56(2):275-281.

[70]孙旭杨,赵增锋,尹娟,等.宁夏太阳山湿地水质现状与富营养化评价[J].水土保持通报,2021,41(2):298-305.

[71]欧阳虹,王世强,邱小琮,等.富营养化评价方法在宁夏清水河流域的适用性研究[J].水文,2021,41(6):53-59.

[72]吴怡,王华,邓燕青,等.基于TLI法的鄱阳湖水体营养状态评价与驱动特征分析[J].环境工程,2024,42(5):10-17.

[73]蒋红斌,张海柱,魏海川,等.郪江遂宁段氮磷污染特征及富营养化评价研究[J].环境影响评价,2023,45(3):103-107.

[74]周小平,杨晓丽.青藏高原湖区可鲁克湖富营养化评价:基于灰色聚类法[J].青海师范大学学报(自然科学版),2016,32(3):63-70.

[75]王志强,田娜,缪建群,等.基于组合可拓综合分析法的鄱阳湖流域水质富营养化评价[J].生态学报,2017,37(12):4227-4235.

[76]王国重,李中原,张继宇,等.基于信息熵密切值法的宿鸭湖水库富营养状况评估[J].中国农学通报,2020,36(18):55-59.

[77]宋景辉.九里湖国家湿地公园浮游植物功能群特征及富营养化评价[D].北京:中国矿业大学,2020.

[78]谭路,申恒伦,王岚,等.三峡水库干流与香溪河库湾水体营养状态及其对水文条件的响应[J].长江流域资源与环境,2021,30(6):1488-1499.

[79]孙钦帮,马军,王志远,等.辽东湾海域营养盐空间分布特征及其富营养化评价[J].环境生态学,2021,3(8):19-25.

[80]张怡,冯萱,王硕,等.基于BP人工神经网络的红旗泡水库富营养化评价[J].环境生态学,2022,4(9):103-107.

[81]李建忠,郑著彬,刘春晓,等.赣南稀土矿区河流富营养化评价及时空格局[J].赣南师范大学学报,2023,44(3):88-94.

[82]樊艳翔,雷社平,解建仓.广东省河流水体富营养化综合评价及分异特征:基于博弈论组合赋权法与VIKOR模型[J].生态环境学报,2023,32(10):1811-1821.

[83]孙咏曦,陈燕飞,周元,等.洪湖水质富营养化评价方法比较[J].水电能源科学,2023,41(9):36-39,5.

[84]龙苒,陈海刚,田斐,等.基于PSR模型的珠江口海域富营养化特征与评价[J].应用海洋学学报,2023,42(2):317-328.

[85]王哲,袁占良,王超,等.基于Sentinel-2的陆浑水库水质反演与富营养化评价[J].河南科学,2023,41(11):1586-1593.

[86]卢小燕,徐福留,詹巍,等.湖泊富营养化模型的研究现状与发展趋势[J].水科学进展,2003,14(6):792-797.

[87]Vollenweider R A. Input-Output Models with Special Reference to the Phosphorus Loading Concept in

Limnology[J]. Schweizerische Zeitschrift Hydrol, 1975, 37: 53-84.

[88] Canale R P, Seo D I.Performance, reliability and uncertainty of total phosphorus models for lakes—Ⅱ.Stochastic analyses[J]. Water Research, 1996, 30(1): 83-94.

[89] Kauppila Tommi, Moisio Teppo, Salonen Veli-Pekka. A diatom-based inference model for autumn epilimnetic total phosphorus concerntration and its application to a presently eutrophic boreal lake [J]. Journal of Paleolimnology, 2002, 27(2): 261-273.

[90] Vollenweider R A. The scientific basis of lake and stream, eutrophication with particular reference to phosphorus and nitrogen as eutrophication factors [R]. OECD, Paris, 1968.

[91] Lorenzen M W, Smith O J, Kimmel L V. A long-term phorphorus model for lakes: Application of Lake Washington [A].Michigan: Ann Arbor Science, 1976:75-92.

[92] Imboden D M, Gachter R. A dynamic lake model for trophic state prediction [J]. Ecological Modeling, 1978(4): 77-98.

[93] Cerco C F, Cole F. Three dimensional eutrophication model of Chesapeake bay [J]. Environmental Engineering, 1993, 19(6): 1006-1025.

[94] Alvarez-Vázquez Lino J, Francisco J Fernández, Isabel López, et al. An Arbitrary Lagrangian Eulerian formulation for a 3D eutrophication model in a moving domain [J].Journal of Mathematical Analysis and Applications,2010, 366(1): 319-334.

[95] Nyholm N. A simulation model for phytoplankton growth and nutrient cycling in eutrophic, shallow lakes [J]. Ecological Modeling, 1978(4): 279-310.

[96] Virtanen M, Koponen J, Dahlbo K, et al. Three-dimensional water quality-transport model compared with field observations [J]. Ecol Model, 1986, 31: 185-199.

[97] 屠清英,顾丁锡,尹澄清,等.巢湖富营养化研究[M].合肥:中国科学技术大学出版社,1990.

[98] Xu F L, Jorgensen S E, Tao S, et al. Modeling the effects of macrophyte restoration on water quality and ecosystem of Lake Chao [J]. Ecol Model, 1999, 117: 239-260.

[99] 刘玉生,唐宗武,韩梅,等.滇池富营养化生态动力学模型及其应用[J].环境科学研究,1991,4(6): 1-7.

[100] 杨具瑞,方铎.滇池湖泊富营养化动力学模拟研究[J].环境科学与技术,2004,26(3):37-38.

[101] Pang Yong, Pu Peimin. A Three-Dimensional Boundary-Layer Model in the Taihu Lake Area [J]. Sci, Atmos Sin, 1995, 19(21): 243-251.

[102] Hu Weiping, Salomonsen Jφrgen, Xu Fu-Liu, et al. A model for the effects of water hyacinths on water quality in an experiment of physico-biological engineering in Lake Taihu, China [J]. Ecological Modelling, 1998, 107(2-3): 171-188.

[103] 朱永春,蔡启铭.太湖梅梁湾三维水动力学研究Ⅰ:模型的建立及结果分析[J].海洋与湖沼,1998, 29(1):79-85.

[104] Morten D Skogen, Kari Eilola, Jφrgen L S Hansen, et al. Eutrophication status of the North Sea, Skagerrak, Kattegat and the Baltic Sea in present and future climates: A model study [J]. Journal of Marine Systems, 2014, 132: 174-184.

[105] 夏军,窦明.汉江富营养化动态模型研究[J].重庆环境科学,2001,23(1):20-23.

[106] 窦明,谢平,夏军,等.汉江水华问题研究[J].水科学进展,2002,13(5):557-561.

[107] 李一平,逄勇,丁玲.太湖富营养化控制机理模拟[J].环境科学与技术,2004,27(3):1-3.

[108] 吴挺峰,高光,晁建颖,等.基于流域富营养化模型的水库水华主要诱发因素及防治对策[J].水利学报,2009,40(4):391-397.

[109]韦海英,柴立和.基于最大流原理的湖泊系统富营养化新模型[J].科技导报,2007,25(2):54-59.

[110]王海波,武周虎.湖泊富营养化模型及其在南四湖的应用[J].海洋科学集刊,2010(3):105-110.

[111]向先全,陶建华.基于GA-SVM的渤海湾富营养化模型[J].天津大学学报,2011,44(3):215-220.

[112]刘晓臣,李小平,王玉峰,等.基于生态动力学模型的兴凯湖营养物入湖与富营养化状态响应模拟[J].湖泊科学,2013,25(6):862-871.

[113]武春芳,徐明德,李璐,等.太原市迎泽湖富营养化控制的模型研究[J].中国环境科学,2014,34(2):485-491.

[114]唐天均,杨晟,尹魁浩,等.基于EFDC模型的深圳水库富营养化模拟[J].湖泊科学,2014,26(3):393-400.

[115]梁俐,邓云,郑美芳,等.基于CE-QUAL-W2模型的龙川江支库富营养化预测[J].长江流域资源与环境,2014,23(增1):103-111.

[116]潘洋洋.SVM模型在叶绿素a非线性定量遥感反演中的应用研究[D].武汉:华中科技大学,2017.

[117]高峰.浅水湖泊水动力学特性与富营养化机理及调控措施研究:以伍姓湖为例[D].西安:西安理工大学,2017.

[118]邢贞相,张丽慧,纪毅,等.基于EFDC模型五大连池水质模拟和富营养化评价研究[J].东北农业大学学报,2018,49(5):88-98.

[119]王梦竹.太湖富营养化变化过程及环境驱动因子识别[D].天津:天津大学,2019.

[120]胡思獒,张诗军,任晨媛,等.基于AQUATOX的城市景观湖泊的水环境模拟与控制[J].环境工程,2020,38(9):82-88.

[121]李子晨.基于系统动力学的星云湖水体富营养化归因[D].昆明:云南大学,2021.

[122]豆荆辉,夏瑞,张凯,等.非参数模型在河湖富营养化研究领域应用进展[J].环境科学研究,2021,34(8):1928-1940.

[123]潘婷,秦伯强,丁侃.湖泊富营养化机理模型研究进展[J].环境监控与预警,2022,14(3):1-6.

[124]胡晓燕.湖盆模型(BATHTUB)在富营养化湖泊模拟及控制管理应用[D].荆州:长江大学,2022.

[125]赵宇,李克强,孙珊,等.渤海氮磷营养盐和叶绿素浓度时空分布数值模拟与富营养化评估[J].海洋与湖沼,2024,55(1):118-134.

[126]Fu G. Study of concept and indicators system on eutrophication sensitivity classification of lake and reservoirs [J]. Research on Environmental Science,2005, 18(6): 75-79.

[127]Wallin M, Wiederholm T, Johnson R K. Guidance on establishing reference conditions and ecological status class boundmes for inland surface waters [R]. Stockholm: The Customer Information System Working Group,2003:52-53.

[128]Dodds W K, Carney E, Angelo R T. Determining ecoregional reference conditions for nutrients, Secchi Depth and Chlorophyll a in Kansas Lakes and Reservoirs [J]. Lake and Reservoir Management,2006, 22(2): 151-159.

[129]王霞,吕宪国,白淑英,等.松花湖富营养化发生的阈值判定和概率分析[J].生态学报,2006,26(12):3389-3397.

[130]杨龙,王晓燕,王子健,等.基于磷阈值的富营养化风险评价体系[J].中国环境科学,2010,30(增1):29-34.

[131]朱思睿.杭嘉湖地区河流水体富营养化水平及氮磷阈值核算[D].杭州:浙江大学,2015.

[132]Borsuk M E, Stow C A, Reckhow K H. A Bayesian network of eutrophication models for synthesis, prediction, and uncertainty analysis [J]. Ecological Modelling, 2004, 173(213): 219-239.

[133]Pei H, Wang Y. Eutrophication research of West Lake, Hangzhou, China: modeling under uncertainty

［J］. Water Research, 2003, 37：416-428.

［134］洪岚.Bayesian 多层模型评价杭州西湖富营养化风险［D］.杭州：浙江大学,2006.

［135］范敏,石为人.基于 PRM 的水体富营养化风险分析建模［J］.计算机工程,2010,36（24）：261-263,266.

［136］卢文喜,罗建男,鲍新华.贝叶斯网络在水资源管理中的应用［J］.吉林大学学报（地球科学版）,2011,41（1）：153-158.

［137］邹斌春.仙女湖富营养化演变、驱动机制及水华风险评估［D］.南昌：南昌大学,2015.

［138］刘成.基于土地利用结构的丹江口水库库湾富营养化风险评估［D］.武汉：华中农业大学,2016.

［139］武瞾,冯承莲,李延东,等.桓仁水库富营养化风险预测预警［J］.环境工程,2017,35（4）：125-128.

［140］武瞾,郭飞,李延东.辽宁省水库富营养化限制因子及风险研究［J］.环境工程,2016,34（12）：162-166.

［141］张紫霞,刘鹏,王妍,等.典型岩溶流域不同湿地水体氮磷分布及富营养化风险评价［J］.西北农林科技大学学报（自然科学版）,2020,48（5）：99-107.

［142］郑震.基于 GLUE 方法的湖库富营养化风险评估［J］.灌溉排水学报,2020,39（6）：132-137.

［143］王兴菊,梁佳佳,刘唐琼,等.湖库型水源地水华风险评价模型研究与应用［J］.南水北调与水利科技,2022,20（6）：1128-1138.

［144］殷雪妍,宋思敏,严广寒,等.洞庭湖水生态风险评价模型构建及应用［J］.水利水电技术,2022,53（增 1）：45-53.

［145］王起峰,王春阳,王勇.基于 Copula 函数与经验频率曲线的富营养化风险分析［J］.安徽农业科学,2010,38（30）：17037-17039.

［146］陈晶,王文圣,李跃清.Copula 评价法及其在湖泊水质富营养化评价中的应用［J］.四川大学学报（工程科学版）,2011,43（增 1）：39-42,66.

［147］崔文连,王勇.崂山水库叶绿素 a 含量与富营养化程度探讨［J］.山东环境,1999,9（3）：50-51.

［148］舒金华.我国主要湖泊富营养化程度的评价［J］.海洋与湖沼,1993,24（6）：616-620.

［149］Dillon P J, Rigler F H. The phosphorus-chlorophyll relationship in lakes［J］. Limnology and Oceanography, 1994, 19(5)：767-773.

［150］Sagehashi M, Sakoda A, Motoyuki S. A mathematical model of a shallow and eutrophic lake (the Keszthely basin, lake Balaton) and simulation of restorative manipulations［J］. Water Resources, 2001, 35(7)：1675-1686.

［151］Ditoro D M, O'Connor D J, Thomann R V, et al. Phytoplankton-zooplankton-nutrient interaction model for Western Lake Erie［J］.Ecology, 1975, 3：423-474.

［152］Johnson C A, Ulrich M, Sigg L, et al. A methematical model of the manganese cycle in a seasonally anoxic lake［J］. Limnol Oceanogr, 1991, 36/37：1425-1426.

［153］Pilar Hernandez, Ambrose J R, Robert B, et al. Modeling eutrophication kinetics in reservoir microcosms［J］. Water Research, 1997, 31：2511-2519.

［154］刘元波,陈伟平.太湖梅梁湾藻类生态模拟与藻类水华治理对策分析［J］.湖泊科学,1998,10（4）：53-59.

［155］杨顶田,陈伟民,江晶,等.藻类暴发对太湖梅梁湾水体中 N、P、K 含量的影响［J］.应用生态学报,2003,6（14）：969-972.

［156］李畅游,史小红.干旱半干旱地区湖泊二维水动力模型［J］.水利学报,2007,38（12）：1482-1488.

［157］王菁,陈家长,孟顺龙.环境因素对藻类生长竞争的影响［J］.中国农学通报,2013,29（17）：52-56.

［158］宋玉芝,杨美玖,秦伯强.苦草对富营养化水体中氮磷营养盐的生理响应［J］.环境科学,2011,32

(9):2569-2575.

[159] 于婷,戴景峻,雷腊梅,等.温度、光照强度及硝酸盐对拟柱孢藻(*Cylindrosperm opsis racibor-skii* N8)生长的影响[J].湖泊科学,2014,26(3):441-446.

[160] 丰茂武,吴云海,冯仕训,等.不同氮磷比对藻类生长的影响[J].生态环境,2008,17(5):1759-1763.

[161] 王彦君,王随继,苏腾.降水和人类活动对松花江径流量变化的贡献率[J].自然资源学报,2015,30(2):304-314.

[162] 王随继,李玲,颜明.气候和人类活动对黄河中游区间产流量变化的贡献率[J].地理研究,2013,32(3):395-402.

[163] 吕明权,吴胜军,马茂华,等.中国小型水体空间分布特征及影响因素[J].中国科学(地球科学),2022,52(8):1443-1461.

[164] 于丹,刘红磊,邵晓龙,等.北方大型居住区景观水体富营养化特征研究[J].环境工程,2017,35(5):53-57.

[165] 文远颖.广州市小微水体水质评价与污染防治[D].广州:广州大学,2023.

[166] 周静远.城市景观水体富营养化成因、评价体系及生态治理[J].城乡建设,2020(11):52-54.

[167] 曾冠军,马满英.城市景观水体富营养化成因及治理的研究展望[J].绿色科技,2016(12):98-100.

[168] 王文东,王小刚,高榕,等.表流—潜流人工湿地处理北方城市景观水体研究[J].水处理技术,2013,39(10):76-79,84.

[169] 李跃飞,夏永秋,李晓波,等.秦淮河典型河段总氮总磷时空变异特征[J].环境科学,2013,34(1):91-97.

[170] 尹雷.城市景观水体污染解析与水质控制研究[D].西安:西安建筑科技大学,2015.

[171] 康孟新,疏童.北方高校景观水体富营养化评价研究[J].东北电力大学学报,2016,36(5):68-72.

[172] 石永强,左其亭,窦明.小型景观湖泊眉湖水质分析及富营养化评价[J].水电能源科学,2016,34(7):32-36.

[173] 白文辉,王晓昌,王楠,等.北方高盐景观水体氮磷时空分布特征及富营养化评价[J].环境工程,2017,35(4):120-124,90.

[174] 邹继颖,刘辉,胡良宇,等.磷对吉林市小型景观水体富营养化的影响[J].黑龙江大学工程学报,2017,8(1):42-46.

[175] 张永航,李梅,杜莹.观山湖湿地公园水体中氮·磷分布及富营养评价[J].安徽农业科学,2018,46(2):60-62.

[176] 郑兰香,杨桂钦,董亚萍,等.银川市主要河湖湿地水质及富营养化变化趋势与评价[J].当代化工研究,2021(22):89-91.

[177] 王婷婷.太原市公园景观水体水质特征分析及评价[D].太原:山西农业大学,2022.

[178] Thompson R C, Crowe T P, Hawkins S J. Rocky intertidal communities: past environmental changes, present status and predictions for the next 25 years[J]. Environmental Conservation, 2002, 29(2): 168-191.

[179] Barker J B, Katherine R. Eutrophication in coastal marine ecosystems[M]. American Geophysical Union, 1996.

[180] Flemer D A, Mackiernan G B, Nehlsen W, et al. Chesapeake Bay: A profile of environmental change [M]. US Environmental Protection Agency, Washington D C, 1983.

[181] Kirby M X, Miller H M. Response of a benthic suspension feeder (Crassostrea virginica Gmelin) to three centuries of anthropogenic eutrophication in Chesapeake Bay[J]. Estuarine, coastal and shelf science, 2005, 62(4): 679-689.

［182］Ansari A A,Gill S S,Lanza G R,et al.Eutrophication：Causes，Consequences and Control［M］.Springer Neterlands,2013.

［183］Kennish M J. Eutrophication of mid-Atlantic coastal bays［J］. Bull. NJ Acad. Sci, 2009, 54(3)：1-8.

［184］Brodie J E, Mitchell A W. Sediments and nutrients in north Queensland tropical streams：changes with agricultural development and pristine condition status［M］. Australian Centre for Tropical Freshwater Research, 2005.

［185］Crosbie N D, Furnas M J. Abundance, distribution and flow-cytometric characterization of picophytopro-karyote populations in central (17°S) and southern (20°S) shelf waters of the Great Barrier Reef［J］. Journal of Plankton Research, 2001, 23(8)：809-828.

［186］吴京,赵志轩,陈晓燕.百家湖浮游植物种群结构及其富营养化状况［J］.水电能源科学,2017, 35(4):37-40,14.

［187］乔辛悦.郑州市东风渠景观水体富营养化与绿藻水华污染特征研究［D］.郑州:河南农业大学,2017.

［188］潘鸿,韩晓玉,蓝文朗,等.新建城市湿地公园浮游植物群落结构及富营养化评价［J］.湖北民族学院学报(自然科学版),2018,36(4):376-379.

［189］田虹,任明慧,唐玉凤,等.公园水体浮游藻类与富营养化评价:以望海公园为例［J］.安徽农业科学,2023,51(18):59-61,68.

［190］宋碧曾.水体富营养化对济南城市湿地浮游生物群落结构及功能的影响［D］.大连:大连海洋大学,2023.